LLUSQUES

LE MANS,

PARIS,

HISTOIRE

DES

MOLLUSQUES

DU

DÉPARTEMENT DE LA SARTHE.

LE MANS, IMPRIMERIE DE MONNOYER.

HISTOIRE

DES

MOLLUSQUES

TERRESTRES ET FLUVIATILES,

OBSERVÉS

DANS LE DÉPARTEMENT DE LA SARTHE;

Par C.-J. Goupil,

Docteur en médecine et en chirurgie des facultés de Paris et de Montpellier,
Membre de plusieurs Sociétés savantes, etc., etc.

LE MANS,

MONNOYER, IMPRIMEUR-LIBRAIRE, PLACE DES JACOBINS.
PESCHE, LIBRAIRE, RUE MARCHANDE.

PARIS,

MEILHAC, LIBRAIRE, CLOITRE S.-BENOIT.

1835.

AVANT-PROPOS.

Deux motifs d'une égale utilité nous ont engagé à publier cette histoire des Mollusques de nos environs.

Faire connaître les richesses du département de la Sarthe, dans cette branche de l'histoire naturelle ;

Mettre entre les mains de ceux de ses habitans, qui font les premiers pas dans cette science, un petit manuel propre à leur faire reconnaître les espèces qu'ils pourront rencontrer.

Le premier de ces motifs se rattache à l'étude générale de l'histoire naturelle. Il est évident que si, dans chaque département, pareille publication avait lieu, tous les mollusques de la France seraient bientôt connus ; si la connaissance de ceux que possède chaque pays était pareillement acquise, un homme supérieur ne tarderait pas à s'emparer de ces matériaux, et nous aurions enfin une histoire générale des mollusques aussi exacte que possible.

Ceci s'applique à toutes les branches de l'histoire naturelle. C'est par des efforts communs, tendant à un même but, celui de l'agrandissement de la science, que ce résultat peut être atteint; c'est un édifice à la construction duquel chacun de ses amis zélés doit apporter sa pierre.

Cette dette pourrait à peu près également être payée par un simple catalogue accompagné d'une synonimie exacte. Nous avons dit à peu près, parce que, dans un catalogue, de quelque bon jugement qu'on soit doué, il peut arriver néanmoins qu'on applique à une espèce un nom qui ne lui appartient pas, sans donner le moyen de relever l'erreur. Au contraire, en ajoutant ainsi que nous l'avons fait, une phrase descriptive rédigée sur l'individu vivant, c'est fournir au naturaliste un moyen de contrôle, qui sera d'autant plus certain que les descriptions seront faites avec soin et non copiées. Cela exige, à la vérité, une appréciation rigoureuse de la glossologie. Toutefois, il nous paraît impossible qu'en exprimant ce qu'on a observé, on ne le fasse pas en des termes qui permettront presque toujours de reconnaître dans l'objet décrit, celui qui aura reçu le nom de tel auteur, appliqué bien ou mal.

Les phrases descriptives, qui accompagnent

un ouvrage de la nature de celui-ci, ne peuvent encore manquer d'ajouter à son intérêt de localité. Elles donnent à l'étudiant les moyens de reconnaître les espèces qui s'offrent à ses yeux. Pour atteindre ce but, nous nous sommes efforcé de ne noter que les caractères saillans, en négligeant cette concision Linnéenne qui ne convient qu'aux hommes versés dans la science, à qui un seul trait diognostique suffit. D'un autre côté, nous avons dû éviter de détourner l'attention par des descriptions trop longues et par des phrases arrondies avec prétention. Nous avons voulu que cette description fût rapide; que les traits distinctifs qu'elle renfermait, frappassent l'esprit. A nos yeux, c'était là le point important; aussi n'avons nous pas hésité, pour y arriver, à nous exposer aux reproches qui pourraient nous être faits sur ce genre de rédaction.

En nous conformant à la règle généralement adoptée par les naturalistes, nous avons dû rétablir les noms assignés aux espèces par les auteurs qui, les premiers, les ont décrites, lorsqu'ils ont été changés par erreur ou sans motif suffisant. Ce reproche peut quelquefois s'adresser à Draparnaud par rapport à Muller. Cette introduction de noms nouveaux tend à compliquer la synonimie. Celle que nous donnons n'est pas complette, mais elle est suffisante pour fournir les moyens de continuer l'étude de chaque espèce dans les ouvrages les plus importans. Plusieurs, parmi-ceux-ci, sont accompagnés de figures qui feront mieux reconnaître les espèces que la description la plus exacte. On les consultera donc les premiers. Quelques-uns sont dans la bibliothèque départementale; d'autres, entre les mains de plusieurs habitans du Mans, amis des sciences naturelles, où il sera sans doute facile de les consulter. L'étude de ces sciences établit toujours, entre ceux qui les cultivent, des relations qui tournent à l'avantage de la société : sous ce rapport seul, ce serait déjà un bienfait.

Les lieux où vivent ordinairement les mollusques, ont été indiqués avec soin, afin qu'on puisse les y retrouver, ou dans d'autres analogues, à leur défaut. Ce n'est donc que pour les espèces rares que des localités particulières ont été plus minutieusement désignées.

Nous devons à cette occasion un témoignage public de notre reconnaissance à M. Anjubault, amateur zélé de notre ville, que nous avons souvent cité pour nous avoir indiqué quelques localités intéressantes, et communiqué plusieurs espèces qui sont dues à ses actives investigations.

Les espèces de mollusques, décrites dans notre opuscule, sont au nombre de 92. Nous nous flattons que sa publication facilitera et encouragera des recherches qui en augmenteront bientôt le nombre.

C'est ainsi que certaines espèces, estimées rares ou particulières à quelques lieux, finissent par se trouver plus communément.

Destiné à faciliter l'étude des mollusques terrestres et fluviatiles, nous avons cru devoir placer, au commencement de ce petit livre, une explication succincte des termes de conchyliologie qui y sont employés, ainsi que quelques mots touchant la recherche des mollusques, leur préparation et leur conservation.

Conduire pour ainsi dire l'étudiant par la main jusqu'à la connaissance de l'espèce, voilà ce que nous nous sommes proposé. Pour l'y amener, nous avons donc dressé un tableau analytique des genres, dans lequel ayant à choisir entre deux caractères opposés, en suivant les renvois, il doit nécessairement arriver au genre qui renferme l'espèce dont il recherche le nom, si son jugement est bon et nos phrases diagnostiques exactes. Il ne lui reste ensuite qu'à trouver la description qui s'adapte le mieux à l'espèce qu'il tient, pour en avoir le nom.

Après avoir exposé les vues qui nous ont déterminé à la publication de ce petit ouvrage, nous n'avons plus qu'à souhaiter de n'être pas resté trop loin de notre but. Heureux, si l'accueil qu'il recevra, nous encourage à continuer semblable travail entrepris sur la Flore du département de la Sarthe, dont nos occupations publiques suspendent l'achèvement pour quelques années encore.

EXPLICATION SUCCINCTE

DES TERMES USITÉS.

Acéphalés. . . . . Classe de mollusques dont la tête, non apparente, est dépourvue de tout appareil de sensations spéciales.

Auriculacés. . . . . Famille à laquelle le genre *Auricula*, a donné son nom.

Axe. . . . . C'est ce qu'on appelle plus ordinairement *Columelle*.

Bords. . . . . Pourtour de l'ouverture de la coquille dans les univalves.

Le bord intérieur ou columellaire est le plus voisin ou la continuation de l'axe de la coquille; le bord latéral ou externe est à l'opposé.

Bouche. . . . . . Ouverture de la coquille.

Bouche. . . . . . Dans les mollusques céphalés elle a, ensemble ou séparément, des lèvres munies de petites dents, un renflement lingual hérissé de petits crochets bi ou tricuspides. Ces organes manquent à la bouche des acéphalés, qui n'a que quelques petites lames destinées à faciliter l'entrée des liquides.

Branchies ou Poumons. . Organe destiné à la respiration, dont la forme variable sert à établir les ordres dans la classification.

Céphalés. . . . . Classe de mollusques dont la tête est plus ou moins distincte du corps et toujours pourvue de quelques organes des sens.

CHARNIÈRE. . . . . Mode d'articulation des deux valves des coquilles des acéphalés.

COLUMELLE. . . . . Ou axe de la coquille autour duquel se développe les tours de la spire.

COLLIER. . . . . Pli formé sur le cou des hélicinés par l'épaississement des bords du manteau.

CORCELET. . . . . (*vulva*, LIN.) portion des coquilles bivalves, comprise entre les sommets et le bord postérieur : c'est là qu'est placé le ligament.

CORNÉ. . . . . . Qui a la couleur de la corne plus ou moins foncée.

CORPS. . . . . . Partie de l'animal enveloppée du manteau qui contient les viscères. Il est plus ou moins spiral dans les pectinibranches et les pulmobranches, à l'exception des limacinés chez lesquels il est cylindracé. Sa forme est ovalaire et conique dans les otidés; dans l'ordre des lamellibranches, il est ovale et comprimé.

COQUILLE. . . . . Enveloppe calcaire dans laquelle est contenu le corps des mollusques, à l'exception des limacinés et incomplètement dans les genres *Vitrina* et *Succinea*. Dans les univalves, sa hauteur est prise du premier au dernier tour de spire ; son diamètre, d'un côté externe de la coquille à l'autre.

CRICOSTOMÉS. . . . Famille qui prend son nom de l'ouverture ronde comme un anneau de la coquille des espèces qui en font partie.

CUIRASSE. . . . . Portion plus épaisse du manteau, située sur le dos de plusieurs mollusques céphalés.

CYCLADÉS. . . . . Famille à laquelle le genre *Cyclas* a donné son nom.

DENTS. . . . . . Petites éminences situées sur le bord des valves des coquilles des lamellibranches dont elles fortifient l'articulation; les dents cardinales sont celles qui correspondent à la lunule; les latérales, au corcelet; les apiciales, aux sommets.

Plusieurs coquilles univalves ont aussi des dents à l'intérieur de leur ouverture.

DISCOÏDE. . . . . Nom donné aux coquilles dont les tours de spire tournent sur le même plan, et que cette disposition rend plus plus ou moins plates.

ECUSSON. . . . . La même chose que la cuirasse.

EPIPHRAGME. . . . Membrane blanchâtre et crétacée, au moyen de laquelle, à défaut d'opercule, quelques hélicinés ferment leur coquille.

GASTÉROPODES. . . . Mollusques dont le pied est situé sous le ventre.

HÉLICINÉS. . . . . Famille dont le genre *Helix* est le type.

IMPERFORÉE.. . . . Coquille dont le trou ombilical est recouvert ou n'existe pas.

IMPRESSION MUSCULAIRE. C'est le point d'intersection des muscles qui font mouvoir les deux pièces des coquilles bivalves.

Lamellibranches. . . Ordre de mollusques, dont les branchies consistent en plusieurs lames ou feuillets semi-circulaires, disposés autour du corps.

Ligament. . . . . . Substance fibreuse qui sert de moyen d'union entre les deux pièces des coquilles bivalves. Il est situé sur le corcelet.

Limacinés. . . . . . Famille de mollusques à corps nu comme les limaces.

Lunule. . . . . . (*anus*, LIN.) partie des coquilles bivalves, comprise entre les sommets et le bord antérieur.

Lymnacés. . . . . . Famille dont le genre *Lymnæa* est le type.

Manteau. . . . . . Peau épaisse et musculaire qui enveloppe le corps des mollusques céphalés. Il est à deux lobes et tapisse intérieurement les valves de la coquille dans les acéphalés lamellibranches. C'est l'organe générateur de la coquille.

Mufle. . . . . . . Partie antérieure de la tête, où se trouve la bouche, dans les mollusques à tête proboscidiforme.

Ombilic. . . . . . . Trou que l'évasement de la columelle forme au centre de la coquille et qui laisse apercevoir un plus grand nombre de tours de spire, selon qu'il est plus ouvert.

Opercule. . . . . . Pièce calcaire ou cornée, fixée à la partie postérieure du pied et destinée à fermer la coquille des pulmobranches operculés et de nos pectinibranches.

Orifice pulmonaire ou respiratoire. Ouverture ovale-arrondie de la cavité pulmonaire dans les pulmobranches.

Otidés. . . . . . Famille qui prend son nom d'une ressemblance imparfaite de la coquille de la plupart de ses espèces avec une oreille.

Ouverture. . . . . Entrée de la coquille dans les univalves, dont le pourtour intérieur prend le nom de péristome.

Pectinibranches. . . . Ordre de mollusques dont les branchies sont finement denticulées comme un peigne.

Perforée. . . . . Coquille dont le trou ombilical est très petit.

Péristome. . . . . Pourtour intérieur de l'ouverture.

Il est simple, quand il est droit sans être épaissi ni bordé.

Il est bordé, quand il est doublé d'un bourrelet intérieur.

On le dit évasé, quand ses bords s'écartent en dehors; et réfléchi, lorsque ces mêmes bords se recourbent.

Le péristome continu est celui dont les bords se réunissent sur l'avant dernier tour; dans la disposition contraire, il est non continu ou disjoint. Enfin, on le dit sub-continu, lorsque ses bords sont si rapprochés qu'ils sont presque réunis.

Pli. . . . . . . Petite éminence comprimée qui existe à l'intérieur de la bouche de quelques coquilles univalves.

Pied. . . . . . . Disque charnu situé sous le ventre ou

le cou des mollusques céphalés, et qui, par un mouvement de contraction ondulatoire, sert à leur progression. Souvent il n'est pas distinct du corps, d'autres fois il en est séparé par un sillon plus ou moins profond.

Dans les acéphalés lamellibranches, le pied consiste en un appendice musculeux, comprimé, situé au dessous du corps, entre les branchies ; il aide l'animal à ramper ou à s'enfoncer dans la vase.

PROBOSCIDIFORME. . . En forme de trompe. Epithète appliquée à la tête alongée des turbinés et des crisostomés.

PULMOBRANCHES. . . Mollusques respirant au moyen d'un poumon qui consiste en un réseau vasculaire, tapissant une petite cavité située au côté droit de la cuirasse. Ils se divisent en deux ordres différens, selon que la coquille est munie ou dépourvue d'un opercule.

SOMMET. . . . . . Premier tour, ou tour supérieur de la spire dans les coquilles univalves.

Eminence mamelonnée de chaque pièce des coquilles bivalves. (*nates*, LIN.)

SPIRE.. . . . . . Tours dont sont composées les coquilles volutées, spirales ou discoïdes.

Le premier tour ou supérieur est celui qui en forme le sommet, le dernier tour ou l'inférieur, celui qui en fait la base, et où se trouve l'ouverture.

STRIES. . . . . . . Lignes élevées ou creuses à la surface de la coquille.

SUBMYTILACÉS. . . . Ordre composé de mollusques qui ont quelques rapports avec la moule (*Mytilus.*)

TENTACULES. . . . Espèce de cornes mobiles au nombre de quatre ou de deux, dans les mollusques céphalés, qui sont le siége du toucher le plus exquis, et qui portent les yeux à l'extrémité des plus grands, d'autres fois, vers leur base.

Ils sont rétractiles, quand l'animal peut les replier complétement; contractiles, quand il peut seulement les raccourcir en les contractant.

TRACHÉLIPODES. . . . Mollusques dont le pied est situé sous le cou.

TRANSVERSE. . . . . On appelle improprement ainsi les coquilles bivalves, plus longues que hautes.

TROCHOÏDE. . . . . Nom donné à une forme de coquille analogue à celle du genre toupie (*Trochus.*)

TROCHOIDÉS. . . . . Nom de famille d'une origine semblable à celle ci-dessus.

TROU LATÉRAL. . . . Nom donné par DRAPARNAUD à l'orifice pulmonaire

TURBINÉS. . . . . Famille qui tire son nom du genre sabot (*Turbo.*)

TURRICULÉE.. . . . Coquille alongée, dont les tours de spire sont peu convexes et la suture peu profonde.

VALVES. . . . . . Les deux pièces qui forment la coquille des acéphalés lamellibranches.

La valve droite ou gauche est celle qui correspond à la droite ou à la gauche de l'observateur, en tournant le bord tranchant en bas, les sommets en haut et en avant. C'est la position de l'animal quand il marche. La longueur des valves se prend de l'extrémité antérieure à l'extrémité postérieure ; leur hauteur, du bord inférieur ou tranchant aux sommets ; l'épaisseur de la coquille se mesure, les valves étant réunies, d'un côté extérieur à l'autre.

YEUX. . . . . . Organes de la vision chez les céphalés, ordinairement sessiles et au sommet des tentacules, ou à leur base et quelquefois pédonculés.

NOTIONS ABREGÉES

sur la recherche des Mollusques fluviatiles et terrestres, sur leur préparation et leur conservation.

Si, pour la détermination des espèces, les descriptions les mieux faites ne valent pas de bonnes figures, celles-ci, à leur tour, sont avantageusement remplacées par l'individu même. De là, l'utilité des collections, où l'on trouve toujours à sa disposition un objet de comparaison. Ce moyen d'étude est celui qui fixe le mieux les caractères dans la mémoire. Nous ne saurions trop recommander à ceux qui étudieront les mollusques de s'en faire une.

Rien de plus facile que la conservation des coquilles. L'un des meilleurs moyens et le plus simple est de les déposer dans des petites caisses de carton ou de cartes à jouer, selon leur volume, et de les placer dans des tiroirs disposés au dessus les uns des autres, dans un meuble fait pour cette destination; on peut encore les fixer sur de petits socles de bois peint, auxquels on collera aussi une étiquette destinée à recevoir le nom de chaque espèce.

Pour débarrasser les coquilles de l'animal qu'elles contiennent, il suffit de les faire bouillir un instant; on l'extrait facilement ensuite avec de petites pinces appelées bruxelles, ou tout simplement avec une épingle.

Il suffit d'abandonner les très petites espèces après les avoir fait bouillir, l'animal se dessèche ou il est dévoré par les insectes.

On ne peut guère conserver les mollusques nus que dans l'esprit de vin, mais il a le grave inconvénient d'en altérer les couleurs. Nous engageons donc les observateurs à noter leurs remarques sur l'animal vivant ; plus tard ils les reliront avec plaisir, et toujours avec avantage.

Pour faciliter les observations, on conservera quelques jours dans l'eau, les hygrophiles, les pectinibranches, les scutibranches et les acéphalés ; les géophiles et les géhydrophiles, sur un lit de mousse fraîche recouvert d'un recipient de verre.

La recherche des mollusques est d'autant plus fructueuse, qu'elle est dirigée avec discernement.

L'époque la plus favorable pour s'y livrer est le printems, puis la fin de l'été, ou le commencement de l'automne.

L'heure la plus propice est le matin ou le soir, par un temps doux et humide, comme on en voit succéder aux pluies accompagnées d'une température moyenne.

Les limacinés et les hélicinés vivent dans les lieux frais et ombragés. C'est avec ces conditions qu'il faudra les chercher dans les bois, les haies ; dans les fentes des rochers, au pied des vieux murs et des vieux arbres, sous les pierres et parmi la mousse.

Plusieurs espèces de ces familles vivent sous les pierres, au bord des eaux de source, des rivières ou ruisseaux. Les lymnacés, les turbinés, les trochoïdés, les otidés et tous les acéphalés, vivent dans les eaux des rivières, des ruisseaux et de source, ou dans les eaux dormantes, comme étangs, mares, fossés sur les plantes aquatiques; attachées aux pierres ou autres corps plongés dans l'eau; sur le sable et dans la vase.

Pour leur faire la chasse, nous conseillons de monter un morceau de canevas à tapisserie, sur un bois courbé en quart de cercle, dont une extrémité prolongée, servira de manche. Une corde, comme celle d'un arc, servira à fixer le bord libre de la toile, dont les mailles seront assez écartées pour laisser passer l'eau, mais non les plus petites espèces de coquilles. Cet instrument doit légèrement faire la poche. En le promenant au fond des eaux ou parmi les plantes aquatiques, on ramenera un très grand nombre de mollusques. Il faut alors placer les plus petites espèces dans des étuis; les grosses, dans des boîtes, et les aquatiques, dans une petite bouteille, avec un peu d'eau, quand on veut les conserver quelques jours vivantes.

On ne doit ramasser les coquilles des individus morts qu'à défaut des autres. Elles ont subi trop d'altération pour pouvoir conserver convenablement leurs caractères.

ABRÉVIATIONS ET NOMS

DES AUTEURS CITÉS.

Bosc. Nouveau Dictionnaire d'histoire naturelle.
Brard. Histoire des coquilles terrestres et fluviatiles qui vivent aux environs de Paris.
Brug. Bruguière. Encyclopédie méthodique.
Cuv. Cuvier. Tableau élémentaire des animaux.
De Blainv. De Blainville. Dictionnaire des scienc. naturelles.
——— ——— Faune française.
De Roiss. De Roissy. Buffon, édition de Sonnini.
Desh. Deshayes. Encyclopédie méthodique.
Desmoulins. Bulletin de la société linnéenne de Bordeaux.
Drap. Draparnaud. Histoire naturelle des mollusques terrestres et fluviatiles de la France.
——— ——— Tableau des mollusques, etc.
Faure-Biguet. Bulletin philomatique.
Féruss. Ferussac (de). Histoire des mollusques, etc.
Fig. Figure.
Geoff. Geoffroy. Traité sommaire des coquilles tant fluviatiles que terrestres qui se trouvent aux environs de Paris.
Gmel. Gmelin. Systema naturæ.
Gualt. Gualtieri. Testacés, etc.
Lam. Lamarck. Animaux sans vertèbres.
Lin. Linnæus. Systema naturæ.
List. Lister. Synopsis conchyliorum, etc.
Mich. Michaud. Complément de l'histoire naturelle des mollusques de Draparnaud.

MILLET. Mollusques terrestres et fluviatiles, observés dans le département de Maine-et-Loire.

MULL. MULLER. Vermium historia, etc.

Pag. ou p. Page.

Part. Partie.

Pl. Planche.

POIR. POIRET. Prodrome des coquilles fluviatiles et terrestres, observées dans le département de l'Aisne et aux environs de Paris.

Tab. ou t. Tableau.

Tom. Tome.

TABLEAU SYNOPTIQUE *de la classification méthodique des Mollusques du département de la Sarthe.*

Embranchement	Classe	Ordre	Tribu	Famille	Genres
MOLLUSQUES.	1.re Classe. CÉPHALÉS.	1.er Ordre. PULMOBRANCHES inoperculés.	1.re Tribu. GÉOPHILES.	1.re Famille. LIMACINÉS.	Arion. Limax. Testacella.
				2.e Famille. HÉLICINÉS.	Vitrina. Succinea. Helix. Bulimus. Achatina. Clausilia. Pupa. Vertigo.
			2.e Tribu. GÉHYDROPHILES.	3.e Famille. AURICULACÉS.	Carychium.
			3.e Tribu. HYGROPHILES.	4.e Famille. LYMNACÉS.	Planorbis. Physa. Lymnæa.
		2.e Ordre. PULMOBRANCHES operculés.	....	5.e Famille. CRICOSTOMÉS.	Cyclostoma.
		3.e Ordre. PECTINIBRANCHES	....	6.e Famille. TURBINÉS.	Paludina. Valvata.
			....	7.e Famille. TROCHOIDÉS.	Neritina.
		4.e Ordre. SCUTIBRANCHES.	....	8.e Famille. OTIDÉS.	Ancylus.
	2.e Classe. ACÉPHALÉS.	LAMELLIBRANCHES	....	9.e Famille. SUBMYTILACÉS.	Anodonta. Unio.
			....	10.e Famille. CYCLADÉS.	Cyclas.

HISTOIRE

DES MOLLUSQUES

DU

Département de la Sarthe.

MOLLUSQUES.

Les Mollusques (*Mollusca*) forment une division assez nombreuse du règne animal.

Ce sont des animaux à corps mollasse, non articulé, enveloppé d'un derme musculaire de forme variable, nommé *manteau*, sur lequel se développe le plus souvent une substance calcaire, la *coquille*, d'une ou plusieurs pièces, et alors ce sont des *mollusques testacés*. D'autres fois, ces parties calcaires se développent dans une portion plus épaisse du derme qui est située sur le dos et qu'on appelle *écusson* ou *cuirasse* : dans ce dernier cas ce sont des *mollusques nus*.

Les mollusques ont une circulation complette à sang blanc, qui s'exécute au moyen d'un cœur aortique supérieur au canal intestinal.

Leur respiration est aérienne ou aquatique. Dans le premier cas, elle se fait dans une cavité pulmonaire, tapissée d'un réseau vasculaire; dans le second, par des branchies extérieures ou cachées, symétriques ou non symétriques.

Le système nerveux des mollusques se compose d'un ganglion cérébriforme, situé au-dessus de l'œsophage, communiquant avec les ganglions des différentes fonctions.

La nutrition s'effectue au moyen d'une bouche munie de dents labiales ou d'un renflement lingual hérissé de petits crochets bi ou tricuspides dirigés en arrière ; ces organes manquent dans les acéphalés.

Les mollusques sont ovipares, dioïques, monoïques ou hermaphrodites. Toutefois l'œuf ne sort de la coquille mère, dans les acéphalés, qu'après y avoir éclos. Cela a lieu aussi dans quelques céphalés.

CLASSE 1.re

MOLLUSQUES CÉPHALÉS.

Tête plus ou moins distincte du corps, toujours pourvue de quelques organes des sens. Corps nu ou protégé par une coquille univalve, inoperculée ou operculée. Organes de la respiration différens de forme et de position.

Bouche armée de dents labiales ou linguales.

ORDRE 1.er

PULMOBRANCHES INOPERCULÉS.

Respiration aérienne, s'exécutant dans une cavité

tapissée d'un réseau vasculaire, dont l'orifice arrondi est situé au côté droit de la cuirasse.

Coquille dépourvue d'opercule.

Tribu 1.

GÉOPHILES.

Une cuirasse ou un collier, tentacules supérieurs oculés à leur sommet.

Vivant sur la terre ou au bord des eaux, mais ne s'enfonçant jamais dans la vase.

1.re Famille.

LIMACINÉS.

Corps nu ou presque nu.

1 ARION. *ARION.*

Corps ovale-allongé, convexe en dessus, plat en dessous; peau ridée, cuirasse contenant des particules calcaires cristalliformes; orifice pulmonaire, situé au bord droit antérieur de la cuirasse; pied étroit, à bords larges séparés du corps par un sillon; quatre tentacules conico-cylindriques terminées en bouton, les deux inférieurs plus courts, yeux au sommet des grands.

Les arions ne se nourrissent pas seulement de

substances végétales, nous les avons vu dans les jardins attachés aux cadavres écrasés de plusieurs espèces d'hélices.

Arion roux. *Arion rufus.*

Arion rufus ; MICH. Compl. pag. 3 ; *Arion empiricorum*, FÉRUSS. Moll. pag. 17 et 60. tab. 1. fig. 1, 2, 5. tab. 3. fig. 2 ; *Limax rufus*, LIN ; LIST. tab. 101. A. fig. 103 ; — DESH. Encycl. méth. 5 ; — DRAP. pag. 123. tab. 9. fig. 6 ; — DE ROISSY, Buff. Sonn. tom. 5. pag. 181 ; — BRARD, p. 123. pl. 4. fig. 19. 20 ; — LAM. Anim. sans vert. tom. 6. 2.e part. pag. 49 ; *Limax succineus*, MULL. Verm. hist. 203.

VARIÉTÉ B. *Ater*. *Limax ater*, DRAP. pag. 122. tab. 9, 3, 4, 5. *Arion empiricorum*. variét. FÉRUSS. Moll.

Animal épais, d'un roux plus ou moins fauve, noir ou brun dans la variété B ; derme marqué de rides très prononcées sur le dos, cuirasse d'une couleur moins foncée que le corps, quelquefois marquée de petites taches noires ; orifice pulmonaire situé au bord droit vers la partie antérieure de la cuirasse ; tentacules noirâtres.

Longueur, huit à dix centimètres.

Habite les prés, les vergers, les jardins.

Arion des jardins. *Arion hortensis.*

Arion hortensis, FÉRUSS. Moll. pag. 65. tab. 2. fig. 4-6 ;

Limax hortensis de Blainv. Dict. des scien. nat. tom. 26. pag. 429; —Mich. Compl. pag. 6. tab. 14. fig. 1; *Limacella concava*, Brard, Moll. Paris. p. 122. tab. 4. fig. 7. 8. 16. 17. 18.

Animal cylindriforme, très noir, rayé de gris longitudinalement, à bords orangés ; orifice pulmonaire situé un peu en avant du milieu de la cuirasse ; tentacules blanchâtres.

Longueur, trois à quatre centimètres.

Habite les jardins et vergers ; Avessé, à Martigné.

Observation : cette espèce est très vorace.

2 LIMACE. *LIMAX.*

Corps allongé, cylindriforme, aminci à sa partie postérieure qui est plus ou moins carénée. Cuirasse à stries fines, concentriques, et contenant vers sa partie postérieure un rudiment testacé, ovale, muni d'apophyses; peau ridée, pied étroit sans saillie, à bords peu distincts du corps ; orifice pulmonaire situé au bord droit postérieur de la cuirasse ; quatre tentacules conico-cylindriques, les supérieurs plus grands oculés à leur sommet.

Les limaces sont terrestres, plus agiles que les arions ; elles habitent les lieux frais, sous les pierres ou les végétaux ; elles ne sortent que la nuit ou le jour après la pluie.

Limace cendrée. *Limax cinereus.*

Limax cinereus, MULL. Verm. hist. 202; — DRAP pag. 124. tab. 9. fig. 10; — DESH. Encycl. méth. 1; *Limacella parma*, BRARD, pag. 110. pl. 4. fig. 1. 2. 9. 10; — DE ROISSY, Buff. Sonn. tom. 5. pag. 181; — LAM. Anim. sans vert. tom. 6. 2.e part. pag. 50; — *Limax maximus*, LIN.; — LIST., tab. 101. A. fig. 104; *Limax antiquorum*, FÉRUSS. Moll. tab. 4. tab. 8. a, fig. 1.

Corps épais, grisâtre, plus ou moins taché de noir en dessus, blanchâtre en dessous; dos ridé, cuirasse unie, au bord droit de laquelle et un peu en arrière de son milieu se trouve l'orifice pulmonaire, qui est fort grand; tentacules cendrés ou roussâtres.

Longueur, douze à quinze centimètres.

Habite les bois, les jardins, les caves et les celliers.

Limace agreste. *Limax agrestis.*

Limax agrestis, LIN.; — MULL. Verm. hist. 204.; — LIST. tabl. 101. fig. 101; — DRAP. pag. 126. tab. 9. fig. 9; — LAM. Anim. sans vert. tom. 6. 2.e part. pag. 50; — DE ROISSY, Buff. Sonn. tom. 5. pag. 181; — FÉRUSS. Moll. tab. 5. fig. 5 à 10. — DESH. Encycl. méth. 3; *Limacella obliqua*, BRARD, pag. 118. pl. 4. fig. 5. 6. 13. 14.

Corps cylindriforme, terminé en dos d'âne vers

son extrémité postérieure, rugueux ou strié, grisâtre, marqué de taches brunes irrégulières qui existent aussi sur la cuirasse; celle-ci porte en outre quelques sillons circulaires peu profonds, et vers sa partie postérieure, un très petit orifice pulmonaire; tête et tentacules noirâtres.

Longueur, trois centimètres.

Habite les jardins, les bois.

Observations : cette espèce excrète un mucus extrêmement abondant et visqueux.

3 TESTACELLE. *TESTACELLA.*

Corps allongé, cylindriforme, s'amincissant vers la partie antérieure, recouvert d'une peau dure, épaisse, gélatineuse et contractile; cuirasse nulle; pied non distinct du corps; anus et orifice pulmonaire, postérieurs, protégés par une très petite coquille, solide, auriforme, à sommet incliné en arrière; quatre tentacules inégaux, les supérieurs oculés à leur sommet.

Les testacelles se cachent plus ou moins avant en terre, selon la température; ils s'y nourrissent de lombrics; par un temps doux et humide on les trouve quelquefois sous les pierres.

Testacelle ormier. *Testacella haliotidea.*

Testacella haliotidea, Drap. p. 121. tab. 8 fig. 43 à 48. et tab. 9. fig. 12. 13.; — Lam. Anim. sans vert. tom. 6. 2.e part. pag. 52; — Desh. Encycl. méth. 1. plan. 463, fig. 4; — Féruss. Moll. tab. 8. fig. 5. 9; *Testacellus haliotideus*, Faure Biguet. Bull. philom. 60. pl. V. fig. a. b. c. d; — Mich. Compl. pag. 8; *Testacella europæa*, Bosc, Nouv. Dict. d'hist. nat. tom. 22. pag. 80; — De Roissy, Buff. Sonn. tom. 5 p. 252.

Animal limaciforme, ellipsoïde, grisâtre ou d'un roux pâle ; peau épaisse et ridée, tentacules courts ; orifice pulmonaire et anus situés à l'extrémité postérieure et protégés par une très petite coquille.

Longueur, quatre à cinq centimètres.

Coquille applatie, fauve ou grisâtre, marquée de stries concentriques ; sommet incliné en arrière, spire d'un tour et demi ; ouverture ovale très grande, bord gauche roulé en dedans.

Diamètre, quatre à cinq millimètres ; longueur, 6 à 7 millimètres.

Habite dans la terre, quelquefois sous des pierres, dans les jardins ; le Mans, Avessé.

2.e Famille.

HÉLICINÉS.

Animal contenu ou recouvert en partie par une coquille spirale de forme variable.

4 VITRINE. *VITRINA.*

Animal gros, héliciforme, la partie postérieure seule contenue dans la coquille, l'antérieure contractile sous la cuirasse; collier ceignant le col et fermant exactement la cavité pulmonaire; appendice conné du collier, s'étendant en arrière en un lobe linguiforme; quatre tentacules cylindriques et rétractiles, les deux supérieurs oculés à leur sommet.

Coquille proportionnellement fort petite, ovale, ou subglobuleuse, extrêmement fragile, pellucide; spire très courte, dont le dernier tour est très ample; ouverture très grande, à bords tranchans, désunis, le gauche très excavé, se prolongeant intérieurement en une columelle linéaire, solide, spirale.

Les vitrines sont terrestres; elles vivent dans les lieux ombragés, parmi la mousse.

Vitrine transparente. *Vitrina pellucida.*

Vitrina pellucida, non DRAP.; *Helix pellucida*, MULL. Verm. hist. 215. *Helicolimax pellucida*, FÉRUSS. Moll.; *la Transparente*, GEOFF. 38.

Animal blanchâtre ou grisâtre, yeux noirs.

Coquille globuleuse, un peu déprimée, d'un blanc verdâtre, transparente, très fragile, luisante, légérement striée; spire de trois tours, l'inférieur très ample ; ouverture très grande, arrondie, bord collumellaire moins avancé, évasé et un peu réfléchi.

Diamètre, quatre à cinq millimètres.

Habite les haies et bois ombragés, parmi la mousse ; le Mans, Brûlon, Sablé, Avessé.

Observation : la *Vitrina pellucida* de Draparnaud est une espèce du midi de la France, que M. de Férussac a nommée *Helicolimax Audebardi*, réservant le nom primitif de *Pellucida* à l'*Helix pellucida* de Muller qui est notre espèce et non celle de Draparnaud.

5 AMBRETTE. *SUCCINEA.*

Animal gros, héliciforme, pouvant à peine être contenu dans sa coquille ; quatre tentacules, les inférieurs peu visibles, les supérieurs oculés au sommet.

Coquille ovale ou oblongue, fragile, translucide ; spire conique, formée d'un petit nombre de tours ; ouverture ample, oblique ; bord latéral tranchant, columelle évasée ; point d'opercule, mais pourvue en hiver d'un épiphragme assez solide.

Les ambrettes vivent dans le voisinage des eaux, mais n'en sont pas moins terrestres. Elles se cachent sous les pierres et parmi les végétaux aquatiques sur lesquels elles grimpent.

Ambrette amphibie. *Succinea amphibia.*

Succinea amphibia, DRAP. pag. 58. tab. 3. fig. 22. 23 ; —

De Boissy, Buff. Sonn. tom. 5. pag. 352; — Lam. Anim. sans vert. tom. 6. 2.e part. pag. 135; *Helix putris*, Lin.; — List. tom. 123. fig. 23. a; *Helix succinea*, Mull. Verm. hist. 296; *Bulinus succineus*, Brug. Encycl. méth. 18; — Poir. Prodr. pag. 41; *Cochlohydra putris*, Feruss. Moll.; l'*Amphibie* ou l'*Ambrée*, Géoff. 60.

Variété B. *Opaca*. pl. 1. fig. 5. 6. 7.

Animal épais, glutineux, grisâtre, marbré de noir en dessus.

Coquille ovale, striée, mince, translucide, d'un jaune de succin pâle; spire de trois tours, suture peu profonde, sommet obtus, ouverture grande, ovale, oblique, égalant les deux tiers de la coquille; péristome simple et tranchant.

La variété B est plus allongée, plus épaisse, peu transparente et d'un gris jaunâtre.

Diamètre, cinq à huit millimètres; hauteur, dix à quinze millimètres.

Habite le bord des étangs et ruisseaux; la variété B, sur un pan de mur humide, devant la roue du moulin de Courcelles, commune d'Avessé.

Ambrette oblongue. *Succinea oblonga.*

Succinea oblonga, Drap. pag. 59. tab. 3 fig. 24. 25; — De Roiss. Buff. Sonn. tom. 5 pag. 352; — Lam Anim. sans vert. tom. 6. 2.e part. pag. 135; — Desh. Encycl. méthod. 3; — *Cochlohydra elongata*, Féruss. Moll.

Animal grisâtre.

Coquille ovale-oblongue, d'un gris jaunâtre, plus épaisse et moins diaphane que l'*Ambrette amphibie ;* spire un peu oblique, de trois et demi à quatre tours, suture profonde, sommet un peu aigu ; ouverture ovale, oblique, égalant la moitié de la longueur de la coquille ; péristome simple, épaissi.

Diamètre, deux à trois millimètres ; hauteur, quatre à six millim.

Habite le bord des fontaines et des ruisseaux ; Avessé, prairies de Martigné.

6 HÉLICE. *HELIX.*

Animal dont le manteau forme à son bord libre une sorte de collier épais ; derme ridé ; pied ovale, plane et lisse en dessous ; tête assez distincte, tentacules inférieurs courts, renflés au sommet, les supérieurs fort longs, oculifères ; orifice pulmonaire situé vers la partie postérieure du collier.

Coquille ordinairement globuleuse, quelquefois conoïde ou discoïde, jamais turriculée, à sommet mousse ou arrondi ; ouverture ronde, ovale, semi-lunaire ou anguleuse, à bords désunis.

Les hélices se cachent sous les pierres ou les végétaux, dans les fentes des rochers et des murailles ; elles ne sortent de leur retraite qu'à la fraîcheur des nuits ou à celle qui succède aux pluies. Elles se nourrissent de substances végétales.

§. I. Coquille globuleuse, ombilic marqué ou couvert. Bouche régulière sans dents, péristome épaissi ou réfléchi (*Helicogena*, Féruss.)

† *Coquille globuleuse, perforée.*

Hélice vigneronne. *Helix pomatia.*

Helix pomatia, Lin.; — List. Synops. tab. 48. fig. 46.; — Mull. Verm. hist. 243; — Poir. Prodr. pag. 63; — Drap. pag. 87. tab. 5. fig. 20; — Lam. Anim. sans vert. tom. 6. 2.e part. pag. 67; — De Roiss. Buff. Sonn. tom. 5. pag. 389; — Desh. Encycl. méth. 86; — *H. helicogena pomatia*, Féruss. Moll. tab. 21. tab. 24. fig. 2; — De Blainv. Faun. franç. pulmobr. pl. 24 fig. 4; — *le Vigneron*, Géoff. 24.

Variété B. *Sinistrorsa.* *Helix pomaria*, Mull. Verm. hist. 244.

Variété C. *Scalaris.* *Helix scalaris*, Mull. Verm. hist. 313. Drap. tab. 21. 22; de Blainv. Faun. franç. pulmobr. pl. 24. fig. 5.

Animal gros, d'un gris pâle, chagriné en dessus, tentacules d'un blanc sale ou roussâtre.

Coquille globuleuse, dure; roussâtre, striée; spire de quatre tours, l'inférieur très grand, marqué de plusieurs bandes d'un brun pâle, séparées par des bandes blanchâtres; sommet obtus, ouverture grande, demi-ovale; péristome évasé, un peu réfléchi sur le trou ombilical; épiphragme, blanc, dur.

Diamètre, environ trente millimètres; hauteur, quarante à quarante-cinq millimètres.

Habite les vignes, les haies, les prés et vergers.

Observations : on mange cette espèce sous le nom d'*Escargots*.

† † *Coquille globuleuse, imperforée.*

Hélice chagrinée. *Helix aspersa.*

Helix aspersa, MULL. Verm. hist. 253; — LIST. Synops. tab. 56. fig. 53. tab. 49. fig. 47, — POIR. Prodr. p. 65; — DRAP. pag. 89 tab. 5 fig. 23; — DESH. Encycl. méth. 77; — LAM. Anim. sans vert. tom. 6. 2.e part. pag. 68; *H. helicogena aspersa*, FÉRUSS. tab. 18, 19 et 21, 6, fig. 6. 7; tab. 24, fig. 3; — De BLAINV. Faun. franç. pulmobr. pl. 24. fig. 6. 7. 8.; *le Jardinier*, GEOFF. 27.

VARIÉTÉ B. *Sinistrorsa.*

Animal d'un vert noirâtre en dessus, grisâtre en dessous; cou ridé en dessus, marqué d'une ligne jaunâtre.

Coquille globuleuse, ventrue, dure, légèrement chagrinée, marquée de larges bandes brunes, séparées par des bandes blanches; il y a de nombreuses variations dans ces dispositions et dans leurs couleurs; spire de quatre tours, l'inférieur très grand, sommet obtus; ouverture demi-ovale; péristome blanc, évasé, réfléchi sur le trou ombilical qu'il recouvre; épiphragme blanchâtre.

Diamètre, environ vingt millimètres; hauteur, trente-cinq millimètres.

Habite les jardins et vergers, les vieux murs, les haies.

Observ. : on mange aussi cette espèce.

Hélice némorale *Helix nemoralis*.

Helix nemoralis, Lin.; — Mull. Verm. hist. 246; — List. Synops. tab. 57. fig. 54; — Poir. Prodr. pag. 69; — Drap. pag. 94. tab. 6. fig. 3. 4. 5; — Desh. Encycl. méth. 80; — De Roiss. Buff. Sonn. tom. 5. pag. 390; — Lam. Anim. sans vert. tom. 6. 2.e part. pag. 81; *H. helicogena nemoralis*, Féruss. Moll. tabl. 33. 34 et 39, a. fig. 3. 4; — De Blainv. Faun. franç. pulmobr. pl. 23. fig. 5. 6. 7; *la Livrée*, Geoff. 29.

Animal brunâtre sur le dos avec une ligne plus pâle dans le milieu, pied jaunâtre; tentacules grêles et cendrés.

Coquille globuleuse, dure, légèrement striée, de couleur jaune, quelquefois rose, plus rarement brune, ordinairement marquée d'une à cinq bandes brunes; spire de cinq tours, sommet obtus; ouverture semi-lunaire, plus haute que large; péristome évasé, garni d'un bourrelet teint d'une couleur brune qui s'étend jusque sur l'ombilic et dans l'intérieur de la coquille.

Diamètre, quinze à dix-huit millimètres; hauteur, vingt à vingt-deux millimèt.

Habite les champs, les jardins, les haies; etc.

Hélice des jardins. *Helix hortensis.*

Helix hortensis, Mull. Verm. hist. 247; — Poir. Prodr. pag. 67; — Desh. Encycl. méth. 81; — Drap. pag. 95. tab. 6. fig. 6; — Lam. Anim. sans vert. tom. 6. 2.e part. pag. 81; *H. helicogena hortensis*, Féruss. Moll. tab. 35. 36; De Blainv. Faun. franç. pulmobr. pl. 23. fig. 4.

Animal d'un gris pâle ou légèrement roussâtre, ayant souvent au dessus du cou deux bandes grises, pied jaunâtre.

Coquille globuleuse, dure, luisante, très finement striée, ordinairement jaune, cornée ou blanchâtre, rarement brune, souvent marquée d'une à cinq bandes brunes; spire de quatre et demi à cinq tours, sommet obtus; ouverture semi-lunaire, péristome évasé, garni d'un bourrelet blanc.

Diamètre, environ quinze millimètres; hauteur, vingt millimèt.

Habite les jardins, les collines, etc.

§. II. Coquille surbaissée ou applatie, conique ou globuleuse; ombilic rarement masqué ou couvert, péristome simple, réfléchi ou bordé, bouche sans dents; bord intérieur du cône spiral portant sur la convexité de l'avant-dernier tour. (*Helicella*, Féruss.)

† *Coquille conique, subimperforée.*

Hélice fauve. *Helix fulva.*

Helix fulva, Mull. Verm. hist. 249; — Drap. pag. 81. tab. 7. fig. 12. 13; *H. helicella fulva*, Féruss. Moll.

Animal grisâtre, transparent, tête et cou noirâtres, tentacules de la même couleur, les supérieurs très longs ; yeux noirs.

Coquille conique, globuleuse, mince, luisante, transparente, couleur de succin ou fauve : spire de cinq tours, l'inférieur un peu carèné ; sommet obtus ; ouverture comprimée, plus large que haute ; péristome simple, blanchâtre, ombilic peu apparent.

Diamètre, deux millimètres.

Habite les lieux frais, sous les feuilles mortes, les pierres, les os de cheval ; le Mans, à l'Epau ; Coulaines, à Riolas (M. Anjubault) ; Avessé, pré de la Guyonnière, à Martigné.

† † *Coquille globuleuse, ombiliquée* (1).

Hélice des rochers. *Helix rupestris.*

Helix rupestris, Drap. pag. 82. tab. 7. fig. 7.-8. 9 ; — Desh. Encl. méth. 68 ; *H. helicella rupestris*, Féruss. Moll.

Variété B. *Subdepressa.*

Animal noirâtre, plus pâle en dessous ; tentacules

(1) *Helix variabilis*, Drap. ; animal pâle, noirâtre ou cendré en dessus ; collier d'un noir violet, quelquefois pâle.

Coquille globuleuse, assez élevée, ou même un peu conique, blanche et un peu transparente, striée ; spire de 5 à 6 tours, dont le plus petit au sommet est lisse et brun. Le dernier est grand à proportion des autres, et ordinairement marquée de plusieurs bandes brunes ou fauves quelquefois isolées, quelquefois réunies : toutes se plongent dans l'intérieur de la supérieurs courts, gros et très obtus; les inférieurs sont à peine visibles à la loupe.

Coquille globuleuse-conique; brune, mince et transparente, finement striée; spire de quatre tours très convexes, suture profonde, sommet obtus; ouverture arrondie, à bords très rapprochés près de leur insertion; péristome simple et un peu évasé du côté de l'ombilic qui est médiocrement ouvert. Il l'est beaucoup plus dans la variété B, celle-ci est en outre un peu déprimée.

Diamètre, trois millimètres.

Habite dans les anfractuosités des rochers, à Sablé.

Hélice hérissée. *Helix aculeata.*

Helix aculeata, Mull. Verm. hist. 279; — Drap. pag. 82. tab.

---

coquille, excepté la supérieure qui se continue en dessus sur les autres tours. Ouverture assez large, arrondie; les deux bords se courbent l'un vers l'autre à leur insertion; péristome d'un brun rougeâtre intérieurement, et garni d'un bourrelet de couleur plus pâle; ombilic peu évasé. Cette coquille varie beaucoup par la grandeur et par la forme; elle est un peu carénée dans la jeunesse.

Habite dans les champs et au bord des chemins.

Nous avons reproduit la description que Draparnaud donne de cette espèce, parce que on nous a assuré qu'elle avait été trouvée dans notre département par M. Leuffroi, dont la mort prématurée est regrettable pour les amis de l'histoire naturelle sarthoise.

7. fig. 10. 11.; *H. helicella aculeata*, Féruss.; *Helix spinulosa* des Anglais.

Animal blanchâtre, tête et tentacules noirs.

Coquille globuleuse-conique, brune, mince, transparente; spire de quatre tours, convexes, garnis de lames saillantes portant dans leur milieu une pointe un peu recourbée, suture profonde, sommet obtus; ouverture arrondie; péristome simple, un peu évasé du côté de l'ombilic : celui-ci est peu ouvert.

Diamètre, deux millimètres.

Habite les lieux ombragés, parmi la mousse et les feuilles mortes; Avessé, à Martigné, taillis des Noës de Paiche; le Mans, chemin des vignes, près les Arènes; à Vallon (Anjubault.)

††† *Coquille subglobuleuse, perforée.*

Hélice chartreuse. *Helix carthusianella.*

Helix carthusianella, Drap. pag. 101. tab. 6. fig. 31. 32; — Desh. Encycl. méth. 52; — Lam. Anim. sans vert. tom. 6. 2.e part. pag. 85; *H. helicella carthusianella*, Féruss. Moll. *Helix carthusiana*, Mull. Verm. hist. 214; — Poir. Prodr. pag. 73; — De Blainv. Faun. franç. pl. 22. fig. 6; *la Chartreuse*, Geoff. 33.

Animal blanchâtre, ayant des taches noires et jaunes, qui s'apperçoivent au travers de la coquille; tunique marquée d'une bande blanche.

Coquille un peu déprimée, transparente, cornée

ou blanchâtre, légèrement striée ; spire de cinq et demi à six tours, le dernier avec une ligne dorsale blanchâtre ; ouverture demi-ovale, oblique ; péristome brun, garni à l'intérieur d'un bourrelet blanc qui paraît extérieurement comme une bande lactée ; trou ombilical peu ouvert.

Diamètre, dix à douze millimètres.

Habite, les champs, les jardins.

Hélice marginée. *Helix limbata.*

Helix limbata, Drap. pag. 100. tab. 6. fig. 29 ; — Desh. Encycl. méth. 95 ; *H. helicella limbata*, Féruss. Moll. ; De Blainv. Faun. franç. pl. 22. fig. 8.

Animal variant du blanc au noir, ponctué du côté de l'ombilic.

Coquille subglobuleuse, un peu conique, légèrement striée, blanchâtre ou d'un corné clair ou fauve, transparente ; spire de six tours, le dernier un peu carèné avec une bande blanche ; ouverture demi-ovale, oblique ; péristome évasé, un peu réfléchi sur le trou ombilical, garni à l'intérieur d'un bourrelet blanc, quelquefois coloré, trou ombilical étroit.

Diamètre, dix à douze millimètres.

Habite, les collines ; le Mans, buttes à Gaignard ; Allonnes, les bois de la Forêterie.

†††† *Coquille subdéprimée, ombiliquée.*

Hélice luisante. *Helix nitida.*

Helix nitida, Mull. Verm. hist. 234; — Drap. Tab. des moll. 47; — Desh. Encycl. méth. 39; — Lam. Anim. sans vert. tom. 6. 2.e part. pag. 91; *Helix nitens*, Gmel.; — Poir. Prodr. pag. 75; *Helix lucida*, Drap. Hist. des moll. pag. 103. tab. 8. fig. 11. 12; *H. helicella nitida*, Féruss. Moll.; De Blainv. Faun. franç. pl. 21. fig. 4. 5; *la Luisante*, Geoff. 36.

Animal noir, grêle; tentacules filiformes.

Coquille déprimée, luisante, transparente, légèrement striée, cornée ou fauve; spire de quatre et demi à cinq tours; ouverture demi-ovale, arrondie; péristome simple, un peu évasé du côté de l'ombilic, celui-ci est très ouvert.

Diamètre, quatre à six millimètres.

Habite les lieux humides et marécageux, sous les pierres.

Hélice hispide. *Helix hispida.*

Helix hispida, Lin.; — Mull. Verm. hist. 268; — Poir. Prodr. pag. 75.; — Drap. pag. 103. tab. 8. fig. 20. 21. 22.; — Lam. Anim. sans vert. tom. 6. 2.e part. pag. 92; — Desh. Encycl. méth. 38; *H. helicella hispida*, Féruss. Moll.; De Blainv. Faun. franç. pulmobr. pl. 19 fig. 9.; *la Veloutée*, Geoff. 44.

Animal grisâtre, quelquefois noir, tête et cou d'un gris brun; tentacules grêles, grisâtres.

Coquille un peu déprimée, brune ou cornée, transparente, très finement striée, hérissée de poils blanchâtres et recourbés; spire de cinq tours à cinq tours et demi; ouverture semi-lunaire; péristome ordinairement simple, quelquefois garni d'un léger bourrelet; ombilic ouvert et profond.

Diamètre, cinq à sept millimètres.

Habite les lieux humides, sous les pierres, parmi la mousse, etc.

Hélice striée. *Helix striata.*

Helix striata, Drap. p. 106. tab. 6. fig. 19. 20; — Desh. Encycl. méth. 41; — Lam. Anim. sans vert. tom. 6. 2.e part. pag. 93; — *Helix fasciolata*, Poir. prodr. 79; *H. helicella striata*, Féruss. Moll.; — De Blainv. Faun. franç. pulmobr. pl. 19. fig. 6.

Animal d'un gris plus ou moins cendré, tentacules noirâtres.

Coquille convexe, fortement striée, grisâtre, marquée de lignes peu nombreuses, ordinairement entrecoupées; spire de cinq tours; ouverture semi-lunaire, arrondie; péristome un peu évasé, garni d'un bourrelet blanc.

Diamètre, dix millimètres; hauteur, cinq millim.

Habite les jardins, les vergers, les vignes, etc.

Hélice blanchâtre. *Helix candidula.*

Helix candidula, STUDER ; — MICH. Compl. pag. 32 ; *H. helicella candidula*, FÉRUSS. Moll. ; *Helix unifasciata*, POIR. Prodr. 81 ; *Helix striata*, var. i. DRAP. pag. 106. tab. 6. fig. 21 ; — LAM. Anim. sans vert. tom. 6, 2.e part. pag. 93 ; — BRARD, Coq. Par. pl. 2. fig. 5. 6 ; *Helix thymorum*, ALTEN ; *le petit Ruban*, GEOFF. 49.

VARIÉTÉ B. *Tota alba.*

Animal gris ou blanchâtre à dard vénérien bifurqué.

Coquille convexe, finement striée, blanchâtre, marquée de trois à six lignes brunes, les inférieures très petites se plongent dans la coquille, la supérieure beaucoup plus large et non interrompue se continue extérieurement sur tous les tours de la spire ; ceux-ci sont au nombre de quatre et demi ; ouverture semi-lunaire ; péristome garni intérieurement d'un bourrelet blanc ayant quelquefois deux dents peu sensibles.

Diamètre, cinq à six millimètres ; hauteur, trois millimètres.

Habite sur les plantes qui croissent dans les terrains calcaires, sur les côteaux très secs et pierreux.

Hélice des bruyères. *Helix ericetorum.*

Helix ericetorum, var. a. MULL. Verm. hist. 236; — LAM. Anim.

sans vert. tom. 6. 2.e part. pag. 84; — Brard, Coq. Par. pl. 2. fig. 8; *H. helicella ericetorum*, Féruss. Moll.; *Helix cespitum*, Drap. pag. 109. tab. 6. fig. 16. 17; — De Blainv. Faun. franç. pulmobr. pl. 19. fig. 3; *le grand Ruban*, Geoff. 47.

Animal blanchâtre; tentacules grisâtres, yeux noirs.

Coquille subdéprimée, striée, blanchâtre, marquée de bandes brunes dont les inférieures sont quelqufois effacées ou interrompues; la supérieure se continue extérieurement sur les tours de la spire qui sont au nombre de cinq à six; ouverture ovale à bords inférieurs très rapprochés; péristome garni à l'intérieur d'un bourrelet un peu coloré; ombilic très évasé.

Diamètre, dix à quatorze millimètres; hauteur, cinq à sept millimètres.

Habite les champs et collines, dans les terrains calcaires, Avessé, Vallon, Soulitré, Ecommoy, etc.

††††† *Coquille déprimée, péristome simple.*

Hélice cristalline. *Helix cristallina.*

Helix cristallina, Mull. Verm. hist. 223; — Drap. pag. 118. tab. 8. fig. 13-17; *H. helicella cristallina*, Féruss. Moll.

Animal blanchâtre ou jaunâtre, tentacules bleuâtres, yeux noirs.

Coquille déprimée, un peu convexe, mince,

fragile, transparente, blanchâtre, luisante ; spire de quatre tours et demi à cinq tours ; ouverture semi-lunaire, arrondie ; péristome simple, épaissi ; ombilic peu ouvert.

Diamètre, deux à trois millimètres.

Habite les lieux ombragés, parmi la mousse, au pied des vieux murs, dans les haies, etc.

Hélice des celliers. *Helix cellaria.*

Helix cellaria, MULL. Verm. hist. 230 ; — LAM. Anim. sans vert. tom. 6. 2.e part. pag. 91 ; — DESH. Encycl. méth. 20 ; *Helix lucida*, DRAP. Tab. des moll. ; *Helix nitida*, DRAP. Hist. des moll. pag. 117 ; tab. 8. fig. 23. 24. 25 ; *H. helicella cellaria*, FÉRUSS. Moll. ; De BLAINV. Faun. franç. pulmobr. pl. 21. fig. 6. 7.

Animal d'un gris bleuâtre en dessus, plus pâle en dessous ; tentacules inférieurs pâles ; yeux noirs.

Coquille déprimée, mince, transparente, luisante, couleur de corne claire en dessus, un peu verdâtre en dessous ; spire de cinq à six tours ; ouverture demi-ovale, oblique, arrondie ; péristome simple, tranchant ; ombilic évasé.

Diamètre, dix à quinze millimètres.

Habite les lieux frais et humides, sous les pierres, parmi la mousse, au pied des vieux murs, des haies.

Hélice lampe. *Helix lapicida.*

Helix lapicida Lin. ; — Mull. Verm. hist. 240 ; — List. Synops. tab. 69. fig. 68 ; — Poir. Prodr. pag. 85 ; — Drap. pag. 111. tab. 7. fig. 35. 36. 37 ; — Desh. Encycl. méth. 136 ; — De Roiss. Buff. Sonn. tom. 5. pag. 390 ; *Carocolla lapicida*, Lam. Anim sans vert. tom. 6. 2.e part. pag. 99 ; *H. helicogona lapicida* Féruss. Moll. ; De Blainv. Faun. franç. pl. 20. fig. 10 11 ; *la Lampe*, Geoff. 41.

Animal brun ou roussâtre, plus pâle en dessous, tentacules inférieurs courts et grêles ; cou chagriné.

Coquille déprimée, striée, très légèrement chagrinée, d'un brun mat, quelquefois avec des taches plus foncées ; spire de cinq tours à cinq tours et demi, l'inférieur plus grand et carèné ; ouverture ovale ; péristome évasé, continu, blanchâtre, à bords réfléchis ; ombilic ouvert.

Diamètre, douze à quinze millimètres.

Habite les fentes des rochers et les vieux murs. A Fresnay, la forge de Chemiré-en-Charnie, la Chartreuse du Parc à S.-Denis-d'Orques.

Hélice planorbe. *Helix obvoluta.*

Helix obvoluta, Mull. Verm. hist. 229 ; — Drap. pag. 112. tab. 7. fig. 27. 28. 29 ; — Lam. Anim. sans vert. tom. 6. 2.e part. pag. 86 ; Desh. Encycl. méth. 9 ; — *Helix holosericea*, Gmel. ; *Planorbis obvolutus*, Poir. Prodr. 89 ; *H. helicodonta obvoluta*, Féruss. Moll. ; De Blainv. Faun. franç. pulmobr.

pl. 20 fig. 1. 2; *la Veloutée à bouche triangulaire*, GEOFF. 46.

Animal chagriné, pied gris, cou noirâtre; tentacules noirs.

Coquille discoïde, plane en dessus, légèrement striée, brunâtre, hérissée de poils longs et caducs; spire de six tours; ouverture triangulaire; péristome sinueux, réfléchi, rougeâtre ou blanchâtre; ombilic très profond.

Diamètre, douze à treize millimètres.

Habite les lieux montueux et ombragés, sous les pierres; à S.-Léonard-des-Bois où elle a été trouvée par M. Anjubault.

7 BULIME. *BULIMUS.*

Animal héliciforme, les deux tentacules supérieurs oculés au sommet

Coquille ovale oblongue; dernier tour de la spire plus grand que tous les autres ensemble; ouverture ovale-allongée, à bords désunis; bord intérieur du cône spiral replié en dehors et portant presque à angle droit sur la convexité de l'avant dernier tour de manière à former une columelle creuse, perforée ou ombiliquée, point tronquée à la base.

Genre terrestre se cachant dans les lieux frais, sous les pierres et parmi la mousse.

Bulime obscur. *Bulimus obscurus.*

Bulimus obscurus, DRAP. pag 74. tab. 4 fig. 23; —De Roissy, Buff. Sonn. tom. 5. pag. 337; *Helix obscura*, MULL. Verm. hist. 302; *Bulimus hordeaceus*, BRUG. Encycl. méth. 62; — POIR. Prodr. pag. 51; LAM. Anim. sans vert. tom. 6. 2.e part. pag. 125; *H. cochlogena obscura*, FÉRUSS. Moll.; *le Grain d'Orge*, GEOFF. 51.

Animal brunâtre, pâle en dessous, tentacules roussâtres, yeux noirs.

Coquille ovale-oblongue, un peu ventrue, brunâtre, à peine striée, le plus souvent salie d'un limon tenace; spire de six à sept tours; ouverture demi ovale; péristome évasé, réfléchi, garni à l'intérieur d'un bourrelet blanchâtre; fente ombilicale, peu marquée.

Diamètre, trois à quatre millimètres; hauteur, sept à huit millimètres.

Habite parmi la mousse, dans lieux frais, les haies, le pied des vieux murs, etc.

8 AGATINE. *ACHATINA.*

Animal héliciforme, les deux tentacules supérieurs plus grands, oculés à leur sommet.

Coquille ovale-oblongue ou subturriculée, mince, transparente; ouverture courte et étroite, ou droite et allongée, bord latéral tranchant; bord intérieur du cône spiral formant une columelle plate, torse, solide, repliée en dedans, et plus ou moins arquée et tronquée à sa base ; péristome simple.

Les agathines vivent dans les lieux humides, sous les pierres.

Agathine aiguillette. *Achatina acicula.*

Achatina acicula, LAM. Anim. sans vert. tom. 6. 2.e part. pag. 133; — MICH. Compl. pag. 53; *Bulimus acicula*, BRUG. Encycl. méth. 22; — DRAP. pag. 75, tab. 4. fig. 25. 26; — POIR. Prodr. pag. 49.; *Buccinum acicula*, MULL. Verm. hist. 340; — GUALT. tab. 6. fig. B. B.; *H. cochlicopa acicula*, FÉRUSS. Moll.; l'*Aiguillette*, GEOFF. 59.

Animal blanchâtre, à tentacules non renflés au sommet.

Coquille allongée, subturriculée, blanchâtre ou grisâtre, lisse, luisante, transparente; spire de six tours, sommet obtus; ouverture ovale-allongée; péristome simple; bord droit échancré près de la columelle; point de fente ombilicale.

Diamètre, un millimètre; longueur, quatre à cinq millimètres.

Habite les lieux pierreux, les haies, le pied des vieux murs; le Mans, à l'Epau, à Chaoué, etc.

Agathine brillante. *Achatina lubrica.*

Achatina lubrica, LMA. Anim. sans vert. tom. 6. 2.e part. pag.

126; — MICH. Compl. pag. 51; *Helix subcylindrica*, LIN.; *Helix lubrica*, MULL. Verm. hist. 303; *Bulimus lubricus*, BRUG. Encycl. méth. 23; — POIR. Prodr. pag. 45; — DRAP. pag. 75. tab. 4. fig. 24; *H. cochlicopa lubrica*, FÉRUSS. Moll.; *la Brillante*, GEOFF. 53.

Animal noirâtre en dessus, plus pâle en dessous, tentacules noirâtres, les inférieurs courts.

Coquille oblongue, d'un brun pâle ou jaunâtre, transparente, lisse et très luisante; spire de cinq à six tours, sommet obtus; ouverture un peu oblique, ovale; péristome simple, épaissi, souvent coloré; point de fente ombilicale.

Diamètre, deux millimètres; hauteur, cinq à sept millimètres.

Habite les lieux humides, sous les pierres, parmi la mousse.

9 CLAUSILIE. *CLAUSILIA.*

Animal héliciforme, à corps grêle, allongé; orifice pulmonaire saillant, situé dans un sinus de la columelle; tentacules inférieurs très courts.

Coquille fusiforme, turriculée, à sommet mousse; spire composé de tours nombreux, pressés et égalisés; columelle solide en filet spiral, souvent garnie de lames tournant avec elle et d'une sorte d'osselet élastique; ouverture petite, entière, plissée, à bords réunis, garnie le plus souvent de plis ou lames élevées et toujours d'une ou deux gouttières, la supérieure formée par une carène dorsale; péristome continu.

Les clausilies sont terrestres, elles habitent les lieux frais ou ombragés, sous les pierres, parmi la mousse, dans les crevasses des arbres.

Clausilie lisse. *Clausilia bidens.*

Clausilia bidens, Drap. pag. 68. tab. 4. fig. 5. 6. 7; — Lam. Anim. sans vert. tom. 6. 2.e part. pag. 105; *Helix bidens*, Mull. Verm. hist. 315; *Bulimus bidens*, Brug. Encycl. méth. pag. 93; — Poir. Prodr. pag. 57; *H. cochlodina derugata*, Féruss. Moll.

Animal noirâtre ou grisâtre, chagriné en dessus; tentacules grisâtres; yeux noirs.

Coquille fusiforme, un peu ventrue, luisante, lisse ou très légèrement striée, de couleur fauve; spire de dix à onze tours; ouverture ovale; deux plis très élevés sur la columelle, deux autres moins saillans et plus enfoncés sur le côté opposé, un osselet blanc élastique un peu en spirale fixé intérieurement à la naissance de l'avant dernier tour; péristome blanc, réfléchi; fente ombilicale peu sensible.

Diamètre, quatre millimètres; hauteur, quatorze à 15 millimètres.

Habite les côteaux, sous les pierres et parmi la mousse; le Mans, Buttes à Gaignard; Brûlon, rochers de Pisse-Grêle.

Clausilie douteuse. *Clausilia dubia.*

Clausilia dubia, Drap. pag. 70. tab. 4. fig. 10; *H. cochlodina dubia*, Féruss. Moll.

Variété B. *Inflata*. pl. 2. fig. 4. 5. 6.

Animal grisâtre, tacheté de noir, pied plus pâle et étroit, tentacules grisâtres, les inférieurs à peine visibles.

Coquille fusiforme, un peu ventrue, striée, d'un fauve brun; spire de neuf à dix tours; ouverture ovale; deux plis blanchâtres et très élevées sur la columelle, un pli transversal plus enfoncé au côté opposé; dans la variété B il existe plusieurs autres plis moins élevés entre les deux qui sont sur la columelle; péristome blanc réfléchi; fente ombilicale visible, éminence dorsale et sillon voisin bien marqués.

Diamètre, deux à trois millimètres; hauteur, onze à douze millimètres.

Habite les côteaux frais et ombragés; le Mans, Buttes à Gaignard; Vallon; la variété B à Avessé, prés de Martigné; ceux de la Tahinière, à Poillé.

Observation : la *Clausilia plicatula* de Draparnaud ayant 12 tours de spire, la bouche saillante, nous ne pouvons lui rapporter notre variété B, qui en outre est plus ventrue.

Clausilie ridée. *Clausilia rugosa.*

Clausilia rugosa, DRAP. pag. 73. tab. 4. fig. 19. 20; — LAM. Anim. sans vert. tom. 6. 2.e part. pag. 115; *Helix perversa*, MULL. Verm. hist. 316; *Bulimus perversus*, BRUG. Encycl. méth. 92; — POIR. Prodr. p. 57; *H. cochlodina rugosa*; FÉRUSS. Moll.; *la Nompareille*, GEOFF. 63.

Animal noirâtre, tentacules plus pâles ou roussâtres; yeux noirs.

Coquille fusiforme, grêle, striée, brune; spire de dix à douze tours; ouverture ovale; deux plis blanchâtres élevés sur la columelle; un léger bourrelet plus enfoncé vers le bord latéral; péristome blanchâtre, évasé et réfléchi; éminence dorsale et sillon adjacent très prononcés; fente ombilicale peu ouverte.

Diamètre, deux millimètres; hauteur, dix à douze millimètres.

Habite les vieux murs, les fentes des rochers, dans la mousse, au pied des vieux arbres.

Clausilie très petite. *Clausilia parvula.*

Clausilia parvula, MICH. Compl. pag. 57. tab. 15. fig. 21. 22. *Clausilia rugosa*, var. *γ*. DRAP. pag. 73; *H. cochlodina parvula*, FÉRUSS. Moll.

Animal noirâtre, plus pâle en dessous, tentacules

grisâtres, les supérieurs longs et grêles ; yeux noirs.

Coquille fusiforme, grêle, à peine striée, presque lisse, d'un brun un peu pâle ; spire de huit à neuf tours ; ouverture ovale ; deux plis blanchâtres sur la columelle, un troisième correspondant au sillon dorsal qui est très prononcé ; péristome blanchâtre, évasé, fente ombilicale ouverte.

Diamètre, deux millimètres ; hauteur, neuf millimètres.

Habite les fentes des rochers, les vieux murs ; à Sablé, Brûlon ; le Mans, à l'Epau.

10 MAILLOT. *PUPA.*

Animal héliciforme, très petit, à collier, sans cuirasse ; quatre tentacules contractiles ; les supérieurs oculés, les inférieurs extrêmement petits et peu apparens.

Coquille cylindracée ou fusiforme ; tours de spire nombreux, égalisés, étroits ; columelle solide à filet spiral ; ouverture droite, presque aussi large que haute, presque toujours garnie intérieurement de plis ou lames minces, ou de dents allongées. Péritome ordinairement réfléchi, non continu.

Les maillots sont terrestres, ils vivent dans les lieux ombragés, sous les pierres, dans les fentes des rochers et parmi la mousse au pied des vieux arbres.

Maillot ombiliqué. *Pupa ombilicata.*

Pupa umbilicata, Drap. pag. 62. tab. 3. fig. 39. 40; — Lam. Anim. sans vert. tom. 6. 2.e part. pag. 111; *H. cochlodouta umbilicata*, Féruss. Moll.

Animal chagriné, noirâtre, grisâtre en dessous, tentacules noirs.

Coquille oblongue, cylindrique, un peu conique, lisse, à peine striée, d'un corné brun; spire de sept tours, sommet obtus; ouverture demi-ovale; péristome réfléchi, blanchâtre, un pli près du bord latéral; ombilic profond et très ouvert.

Daimètre, deux millimètres; hauteur, quatre millimètres.

Habite les vieux murs, les rochers, sous les pierres, les haies.

Maillot des mousses. *Pupa muscorum.*

Pupa muscorum, Lam. Anim. sans vert. tom. 6. 2.e part. pag. 111; — Desh. Encycl. méth. 11; *Turbo muscorum*, Lin., *Helix muscorum*, Mull. Verm. hist. 304; *Bulimus muscorum*, Brug. Encycl. méth. 63; — Poir. Prodr. pag. 51; *Pupa marginata*, Drap. pag. 61. tab. 3. fig, 36. 37. 38; *H. cochlodouta muscorum*, Féruss. Moll.; *le petit Barillet*, Geoff. 58.

Animal de couleur grisâtre, un peu pâle.

Coquille oblongue, cylindrique, obtuse, d'un brun pâle ; spire de six tours ; ouverture demi-ovale avec un pli dans le milieu ; péristome réfléchi, à la suite duquel existe un bourrelet blanchâtre comme lui ; ombilic peu ouvert.

Diamètre, un millimètre et demi ; hauteur, trois millimètres.

Habite les vieux murs, les fentes des rochers, les lieux ombragés parmi la mousse ; le Mans, Sablé.

Maillot fragile. ***Pupa fragilis.***

Pupa fragilis, Drap. pag. 68. tab. 4. fig. 4; — Lam. Anim. sans vert. tom. 6. 2.e part. pag. 110; — Desh. Encycl. méth. 14; *Turbo perversus*, Lin.; *Bulimus similis*, Brug. Encycl. méth. 96; — Poir. Prodr. pag. 59; *H. cochlodina perversa*; Féruss. Moll.; l'*Anti-Nompareille*, Geoff. 54.

Animal noirâtre, pied grisâtre, chagriné, tacheté, étroit et allongé ; tentacules inférieurs à peine visibles.

Coquille sénestre, turriculée, cylindrique-allongée, grêle, transparente, striée, d'un brun pâle ; spire de neuf à dix tours, sommet mousse ; ouverture ovale, à bord sinueux, quelquefois un très petit pli sur la columelle ; péristome blanchâtre ; fente ombilicale oblique, peu ouverte.

Diamètre, deux millimètres ; longueur, huit à neuf millimètres.

Habite les vieux murs, les rochers, le pied des vieux arbres parmi la mousse; le Mans, route d'Yvré, près Coudoie; Brûlon, Avessé.

11 VERTIGO. *VERTIGO.*

Animal héliciforme, très petit, spiral, deux tentacules rétractiles, longs, obconiques, arrondis à leur extrémité, oculifères.

Coquille ovale, cylindrique, spire composée de tours peu nombreux, arrondis et à peu près égaux; ouverture droite, courte, dentée; péristome sinueux et réfléchi.

Ces trachélipodes sont terrestres; ils habitent les lieux humides, sous les pierres.

Vertigo pygmée. *Vertigo pygmœa*

Vertigo pygmœa, Féruss. Moll.; *Pupa pygmœa*, Drap. pag. 60. tab. 3. fig. 30. 31.

Animal noirâtre, pied grisâtre, tentacules courts.

Coquille ovale-cylindrique, obtuse, lisse, luisante, d'un brun châtain; spire de quatre tours et demi à cinq tours; ouverture arrondie, garnie de quatre dents, dont une sur la columelle; péristome sinueux, réfléchi; fente ombilicale très ouverte.

Diamètre, un millimètre; hauteur, deux millimètr.

Habite les lieux ombragés, les prés humides, sous

les pierres et parmi la mousse ; le Mans, à l'Epau ; Avessé, à Martigné.

Vertigo très petit. *Vertigo pusilla.*

Vertigo pusilla, Mull. Verm. hist. 320 ; — Féruss. Moll. *Pupa vertigo*, Drap. pag. 61. tab. 3. fig. 34. 35.

Animal d'un gris pâle, transparent, tentacules extrêmement petits.

Coquille sénestre, ovale-cylindracée, obtuse, légèrement striée, d'un brun clair ; spire de quatre à cinq tours ; ouverture aussi haute que large, rétrécie vers son bord latéral par un pli profond muni d'une dent à l'intérieur ; deux plis élevés sur le milieu de la columelle, un autre ascendant vers le bord columellaire, enfin, un osselet élastique dans le fond de l'ouverture ; péristome brun, sinueux, réfléchi ; fente ombilicale oblique, peu ouverte.

Diamètre, trois quarts de millimètre ; hauteur, un millimètre un tiers.

Habite sous les pierres, dans les lieux humides ; au bord des sources des prés de la Guyonnière à Martigné, commune d'Avessé.

Vertigo anti-vertigo. *Vertigo anti-vertigo.*

Vertigo anti-vertigo, Mich. Compl. pag. 72 ; *Vertigo septem-*

dentata, Féruss. Moll.; *Pupa anti-vertigo*, Drap. pag. 60. tab. 3. fig. 32. 33.

Animal noir.

Coquille dextre, ovale, cylindracée, obtuse, lisse, luisante, d'un brun fauve; spire de cinq tours; ouverture demi-ovale, ayant un léger pli vers son bord latéral, garnie intérieurement de sept dents, dont quatre dans son pourtour supérieur et trois sur la columelle; péristome sinueux, légèrement réfléchi; fente ombilicale oblique, peu ouverte.

Diamètre, un millimètre; hauteur, environ deux millimètres.

Habite sous les pierres, dans les lieux humides et parmi la mousse; le Mans, au Moulin-à-l'Evêque, au Gué-Bernisson; Avessé, prés de la Guyonnière à Martigné.

Tribu 2.

GÉHYDROPHILES.

Couverture, collier, orifice respiratoire, comme dans l'hélice; vivant sur la terre humide.

3.e Famille.

AURICULACÉS.

Animal spiral, tentacules cylindriques, renflés au sommet, peu contractiles, ayant les yeux placés à leur base interne ; une dent supérieure opposée à une langue à crochets.

Coquille épaisse, solide ; ouverture plus ou moins ovalaire, arrondie en avant et le plus souvent retrécie par quelques dents ou quelques plis columellaires.

CARYCHIE. *CARYCHIUM*

Animal héliciforme, deux tentacules retractiles, gros, cylindriques et obtus ; yeux situés derrière et près la base des tentacules.

Coquille ovale-oblongue ou cylindrique, à sommet obtus ; ouverture entière, droite, courte, avec ou sans dents ; péristome réfléchi, point d'opercule.

Trachélipodes terrestres, vivant dans les lieux humides, sous les herbes, les feuilles mortes, les pierres, etc. Ils se nourrissent de végétaux.

12 CARYCHIE PYGMÉE. *CARYCHIUM MINIMUM*

Carychium minimum, Mull. Verm. hist. 321; — Féruss. Moll.; — Mich. Compl. p. 74 ; *Helix carychium*, Gmel. ; *Bulimus minimus*, Brug. Encycl. méthod. 21 ; Poir. Prodr. pag. 49; *Auricula minima*, Drap. pag. 57. tabl. 3. fig. 18. 19; — De Roiss. Buff. Sonn. tom. 5. pag. 367 ; — Lam. Anim. sans vert. tom. 6. 2.e part. pag. 140 ; — Desh. Encycl. méth. 18.

Animal d'un jaune pâle.

Coquille oblongue, lisse, blanchâtre, diaphane ;

spire de cinq tours; ouverture demi-ovale, ayant une très petite dent à son bord latéral, un autre sur le bord columellaire et un pli sur la columelle; péristome arrondi, réfléchi, garni d'un bourrelet blanchâtre.

Diamètre, un millimètre; hauteur, deux millim.

Habite les lieux humides, sous le bois pourri, les feuilles mortes, les pierres.

TRIBU 3.

HYGROPHILES.

Sans cuirasse et sans collier, vivant dans les eaux douces, stagnantes ou courantes, à leur surface ou dans leur profondeur.

4.e Famille.

LYMNACÉS.

Corps de forme variable, tentacules contractiles, portant des yeux sessiles au côté interne de leur base. Coquille de forme très variable, mince, à bord latéral tranchant.

13 PLANORBE. *PLANORBIS.*

Animal comprimé, enroulé; pied court et ovale;

deux tentacules contractiles très longs, sétacés; bouche ayant supérieurement une dent en croissant, et inférieurement un renflement lingual, garni de petits crochets.

Coquille discoïde ou enroulée dans le même plan, à spire non saillante, de sorte qu'elle paraît plus ou moins creuse de chaque côté; ouverture transverse, à bords tranchans et désunis par le dernier tour de spire.

Les planorbes rampent et nagent; dans ce dernier acte ils se tiennent renversés à la surface de l'eau, alors qu'il fait beau temps.

§ I. Espèces non carénées.

Planorbe corné. *Planorbis corneus*

Planorbis corneus, Poir. Prodr. pag. 87; — Drap. pag. 43. tab. 1. fig. 42. 43. 44; — De Roiss. Buff. Sonn. tom. 5. pag. 377; — Lam. Anim. sans vert. tom. 6. 2.e part. pag. 152; — Desh. Encycl. méth. 1. pl. 460. fig. 1. a. b; *Helix cornea*, Lin.; *Planorbis purpura*, Mull. Verm. hist. 343; — List. Synops. tab. 137. fig. 41; *le grand Planorbe*, Geoff. 84.

Animal noirâtre, tentacules longs, flexibles, plus pâles, yeux petits.

Coquille dure, striée, brunâtre, plus pâle et presque plane en dessous, concave et fortement ombiliquée en dessus; spire de cinq tours arrondis, le dernier très ample ; ouverture arrondie, échancrée par le dernier tour, bord supérieur plus avancé que l'inférieur ; péristome simple.

Diamètre, vingt à trente millimètres ; épaisseur, neuf à dix millimètres.

Habite les fossés communiquant avec les rivières, les étangs.

Observ. : il sort un liquide rougeâtre des blessures faites à ce mollusque.

Planorbe entortillé. *Planorbis contortus.*

Planorbis contortus, MULL. Verm. hist. 348; — POIR. Prodr. pag. 89; — DRAP, pag. 42. tab. 1. fig. 39. 40. 41; — LAM. Anim. sans vert. tom. 6. 2.e part. pag. 154.; — DESH. Encycl. méth. 10; *Helix contorta*, LIN.; *le petit Planorbe à six spirales rondes*, GEOFF. 89,.

Animal d'un gris brun, tentacules très courts, blanchâtres.

Coquille brunâtre ou jaunâtre, finement striée, quelquefois hispide, plane en dessus, avec une fossette au centre, ayant en dessous un ombilic profond et évasé ; spire de six à sept tours arrondis ; ouverture semi-lunaire, à bord supérieur un peu plus avancé que l'inférieur ; péristome simple.

Diamètre, quatre millimètres ; épaisseur, un millimètre et demi.

Habite les fossés aquatiques ; le Mans, au Moulin-à-l'Evêque, au Gué-Bernisson; fossés de la prairie de Brûlon; Avessé, ceux de la prairie de Martigné.

Planorbe hispide. *Planorbis hispidus.*

Planorbis hispidus, Drap. pag. 43. tab. 1. fig. 45 à 48; — Lam. Anim. sans vert. tom. 6. 2.e part. pag. 154; *Planorbis albus*, Mull. Verm. hist. 350; *Helix alba*, Gmel.; *Planorbis villosus*, Poir. Prodr. pag. 95; *le Planorbe velouté*, Geoff. 96.

Animal grisâtre; tentacules blanchâtres; yeux noirs.

Coquille d'un brun pâle ou blanchâtre, transparente, presque plane en dessus, ombiliquée des deux côtés, mais plus fortement en dessous; marquée de stries longitudinales, coupées par d'autres sensibles et transversales; hérissée de pointes coniques, caduques, plus visibles sur le dos de la coquille; spire de trois tours et demi; ouverture ovale à bord supérieur plus avancé que l'inférieur; péristome simple.

Habite les rivières, les ruisseaux et les fossés qui y communiquent. Le Mans, à Chaoué; Avessé, etc.

Planorbe spirorbe. *Planorbis spirorbis.*

Planorbis, Mull. Verm. hist. 347; — Drap. pag. 45. tab. 2. fig, 8. 9. 10; — Poir. Prodr. pag. 91; — Lam. Anim. sans vert. tom. 6. 2.e part. pag. 153; — Desh. Encycl. méth.

8; *Helix spirorbis*, Lin.; *le petit Planorbe à cinq spirales rondes*, Geoff. 87.

Animal grisâtre.

Coquille plane en dessus, ombiliquée, un peu oncave et ombiliquée en dessous, cornée, jaunâtre, triée; spire de cinq tours arrondis, l'extérieur un ieu plus grand relativement aux autres; ouverture rrondie à bords épaissis, le supérieur dépassant ieu l'inférieur; péristome blanchâtre à l'intérieur.

Diamètre, quatre à six millimètres; épaisseur, un ieu plus d'un millimètre.

Habite les fossés aquatiques communiquant aux ivières et ruisseaux; le Mans, au Moulin-à-'Evêque; Brûlon, les fossés de la prairie commune.

§ II Espèces carènées.

Planorbe leucostome. *Planorbis leucostoma.*

'lanorbis leucostoma, Mill. Moll. Maine-et-Loir. pag. 16; —Mich. Compl. pag. 80. pl. 16. fig. 3. 4. 5; *Planorbis vortex*, var. B. Drap. pag. 44. tab. fig. 6. 7.; *Planorbis rotundatus ?* Poir. Prodr. 93.

Animal d'un brun rougeâtre en dessus, rose en essous, tentacules roses.

Coquille d'un brun jaunâtre, striée, concave en lessus, plane en dessous, ombiliquée des deux côtés ; cinq à six tours de spire, arrondis en dessus, le dernier à peu près égal aux autres, légèrement caréné en dessous ; ouverture ovale à bords épaissis, le supérieur un peu plus avancé que l'inférieur ; péristôme garni à l'intérieur d'un bourrelet blanchâtre.

Diamètre, six à huit millimètres; épaisseur, un millimètre et demi.

Habite les fossés aquatiques, communiquant aux rivières ; le Mans, Moulin-à-l'Evêque.

Planorbe contourné. *Planorbis vortex.*

Planorbis vortex, MULL. Verm, hist. 345 ; — DRAP. pag. 44. tab. 2. fig. 6. 7 ; — De ROISS. Buff. Sonn. tom. 5. pag. 377 ; — LAM. Anim. sans vert. tom. 6. 2e part. pag. 154 ; — POIR. Prodr. pag. 93 ; — DESH. Encycl. méth. 9 ; *Helix vortex*, LIN. ; *le Planorbe à six spirales à arète*, GEOFF. 93.

Animal brunâtre, tentacules pâles.

Coquille d'un brun pâle, cornée, transparente, striée, concave en dessus, plane et un peu ombiliquée en dessous ; spire de six à sept tours, le dernier caréné inférieurement ; ouverture ovale un peu anguleuse, à bord supérieur beaucoup plus avancé que l'inférieur ; péristome simple, subcontinu.

Diamètre, huit millimètres ; épaisseur, un mill.

Habite les fossés aquatiques, les étangs ; le Mans, au Moulin-à-l'Evêque.

Planorbe comprimé. *Planorbis compressus.*

Planorbis compressus, MICH. Compl. pag. 81. pl. 16. fig. 6. 7. 8; *Planorbis vortex* var. a, DRAP. pag. 45. tab. 2. fig. 4. 5.

Animal d'un gris blanchâtre, transparent.

Coquille très aplatie, couleur de corne pâle, striée, transparente, concave en dessus, plane et même légèrement convexe en dessous, ombiliquée des deux côtés; spire de six à sept tours, le dernier un peu plus grand, caréné dans son milieu; ouverture anguleuse, à bord supérieur beaucoup plus avancé que l'inférieur; péristome simple, non continu.

Diamètre, huit millimètres; épaisseur, un peu moins d'un millimètre.

Habite les fossés des ruisseaux, rivières et étangs, le Mans, au Moulin-à-l'Evêque.

Planorbe caréné. *Planorbis carinatus.*

Planorbis carinatus, MULL. Verm. hist. 344; — LIST. tab. 138. fig. 42; — DRAP. pag. 46. tab. 2. fig. 13. 14, 16; — De ROISS. Buff. Sonn. tom. 5. pag. 378; — LAM. Anim. sans vert. tom 6. 2.e part. pag. 153; — DESH. Encycl. méth. 7; — *Helix planorbis*, LIN.; *Planorbis acutus*, POIR. Prodr. 91; *le Planorbe à quatre spirales à arète*, GEOFF. 90.

Animal noirâtre ou grisâtre, tentacules de la même couleur; pied bilobé antérieurement.

Coquille cornée, un peu transparente, striée, concave en dessus, presque plane en dessous ; spire de quatre tours à peu près aussi convexes en dessous qu'en dessus, carénés dans leur milieu ; ouverture ovale, anguleuse, à bord supérieur beaucoup plus avancé que l'inférieur ; péristome simple.

Diamètre, dix à douze millimètres ; épaisseur, deux millimètres.

Habite les fossés aquatiques, les étangs et les ruisseaux.

Planorbe ombiliqué. *Planorbis umbilicatus.*

Planorbis umbilicatus, MULL. Verm. hist. 346; *Planorbis marginatus*, DRAP. pag. 45. tab. 2. fig. 11. 12. 15 ; — Var. de ROISS. Buff. Sonn. tom. 5. pag. 378; *Helix complanata*, LIN. ; *Planorbis complanatus*, POIR. Prodr. pag. 93 ; *le Planorbe à trois spirales à arète*, GEOFF. 94.

Animal noirâtre, pied oblong, grisâtre ; tentacules roux, ou blanchâtres.

Coquille d'un brun fauve, striée, concave et ombiliquée en dessus, plus ou moins plane en dessous ; spire de cinq tours convexes en dessus, carénés inférieurement, ce qui les fait paraître aplatis en dessous ; ouverture ovale, à bord supérieur beaucoup plus avancé que l'inférieur ; péristome simple.

Diamètre, douze à quinze millimètres ; épaisseur, trois millim.

Habite les fossés aquatiques, les étangs, etc.

Observ. : cette espèce laisse échapper, ainsi que le Planorbe corné, un liquide rougeâtre des blessures qui lui sont faites.

Planorbe dentelé. *Planorbis cristatus.*

Planorbis cristatus, DRAP. pag. 44. tab. 2. fig. 1. 2. 3.

Animal d'un gris jaunâtre, tentacules blanchâtres.

Coquille d'un brun pâle, très transparente, plane en dessus avec une légère fossette au milieu, fortement ombiliquée en dessous, marquée de distance en distance de petites lames ou stries élevées qui font paraître la carène dentelée ; ouverture arrondie, à bords presqu'égaux ; péristome simple, continu.

Diamètre, deux millimètres.

Habite les fossés aquatiques, ceux des prairies du Mans (Anjubault).

Planorbe tuilé. *Planorbis imbricatus.*

Planorbis imbricatus, MULL. Verm. hist. 351 ; — DRAP. pag. 44. tab. 1. fig. 49. 50. 51. ; — POIR. Prodr. pag. 95 ; — De ROISS. Buff. Sonn. tom. 5. pag. 378 ; — LAM. Anim. sans vert. tom. 6. 2.e part. pag. 155 ; — DESH. Encycl. méth. 11 ; *Turbo nautileus*, LIN. ; *le Planorbe tuilé*, GEOFF. 97.

Animal gris, tentacules blanchâtres à peine aussi longs que la tête, yeux noirs.

Coquille d'un brun pâle ou cendré, transparente, un peu aplatie et carènée, plane en dessus, ombiliquée en dessous, striée et recouverte d'un épiderme dont les lames soulevées sur la carène à des distances assez régulières, la font paraître dentelée; spire de deux à trois tours; ouverture ovale-arrondie, à bord supérieur plus avancé que l'inférieur; péristome simple, subcontinu.

Diamètre, deux à trois millimètres.

Habite les ruisseaux, les fossés aquatiques, les mares. Le Mans, vieilles marnières, aux Ruelles; à Vallon (Anjubault). Avessé, ruisseau de la prairie de Martigné.

Planorbe luisant. *Planorbis nitidus.*

Panorbis nitidus, MULL. Verm. hist. 349; — LAM. Anim. sans vert. tom. 6. 2.e part. pag. 155; — DESH. Encycl. méth. 12; *Helix nitida* GMEL.; *Planorbis complanatus*, DRAP. pag. 47. tab. 2. fig. 20. 21. 22.

Animal noirâtre, tentacules blancs au sommet.

Coquille aplatie, légèrement convexe des deux côtés; blanchâtre, luisante, transparente, finement striée, ombiliquée en dessous; spire de quatre tours, le dernier beaucoup plus ample, carènés dans leur milieu; ouverture semi-lunaire, à bord supérieur un peu plus avancé que l'inférieur; péristome simple.

Diamètre, deux à trois millimètres; épaisseur, un millimètre.

Habite les étangs et fossés des marais ; à Chantenay, étangs de Groteau et de Voisins; à St.-Maixent (Anjubault).

Planorbe cloisonné. *Planorbis clausulatus.*

Planorbis clausulatus, Féruss. ; *Planorbis nitidus*, Drap. pag. 46. tab. 2. fig. 17. 18. 19.

Animal noir, pied allongé, tentacules noirâtres.

Coquille d'un jaune ambré, luisante, striée, transparente, convexe en dessus, un peu plane et fortement ombiliquée en dessous ; spire de quatre tours; le dernier plus ample, carèné inférieurement, laisse apercevoir à travers ses parois de petites lames élevées qui forment comme des demi-cloisons ; ouverture semi-lunaire, à bord supérieur dépassant de beaucoup l'inférieur ; péristome simple.

Diamètre, trois à quatre millimètres; épaisseur, un millimètre et demi.

Habite les eaux tranquilles; le Mans, fossés de la ferme de Sablé au Gué-de-Maulny ; à St.-Maixent (Anjubault); Ecommoy, flaque d'eau du pré de Moque-Souris dépendant de Bézonnais.

14 PHYSE. PHYSA.

Animal ovale, spiral, à pied arrondi antérieurement, aigu postérieurement; manteau digité ou simple en ses bords, assez ample pour se recourber et pouvoir recouvrir la coquille; deux tentacules grèles, oculés à leur base interne.

Coquille sénestre, ovale ou oblongue, très fragile; ouverture lancéolée à bord latéral tranchant; columelle torse.

Les Physes rampent ou nagent; on les trouve attachées aux plantes aquatiques dont elles se nourrissent. Elles habitent de préférence les eaux pures.

Physe des mousses. *Physa hypnorum.*

Physa hypnorum, Drap. pag. 55. tab. 3. fig. 12. 13; — De Roiss. Buff. Sonn. tom. 5. pag. 344; — Lam. Anim. sans vert. tom. 6. 2.e part. pag. 157; — Desh. Encycl. méth. 3; *Bulla hypnorum*, Lin.; *Bulla turrita*, Gmel.; *Planorbis turritus*, Mull. Verm. hist. 354; *Bulimus hypnorum*, Brug. Encycl. méth. 11; — Poir. Prodr. pag. 43.

Animal noirâtre, à manteau non divisé en ses bords; tentacules à extrémité blanche, yeux très noirs.

Coquille allongée, conique, à sommet aigu, brunâtre ou jaunâtre, lisse, luisante, transparente; spire de six tours, l'inférieur très ample et un peu ventru; ouverture oblongue-lancéolée, à bord latéral mince, coloré, le columellaire épaissi, blanchâtre à la base; péristome simple.

Diamètre, quatre à six millimètres; hauteur, douze à quinze millim.

Habite les mares et fossés aquatiques; le Mans, chemin du Gué-Bernisson à l'Epau.

Physe aigue. *Physa acuta.*

Physa acuta, Drap. pag. 55. tab. 3. fig. 10. 11.

Variété B. *Subacuta.*

Animal noirâtre, manteau à bords non divisés.

Coquille ovale, mince, transparente, couleur de corne, marquée de stries longitudinales très fines; spire de cinq tours, sommet aigu; ouverture oblongue, rétrécie supérieurement, bord latéral mince, bord columellaire sinueux, épaissi et blanchâtre; péristome garni à l'intérieur d'un bourrelet mince et blanchâtre.

Diamètre, six à huit millimètres; hauteur, dix à douze millim.

Habite les fossés en communication avec les rivières; ceux du Moulin-à-l'Evêque, au Mans.

Observ.: la variété B. moins aigue, est celle que nous avons trouvée aux environs du Mans.

Physe des fontaines. *Physa fontinalis.*

Physa fontinalis, Drap., pag. 54 tab. 3. fig. 8. 9; — De Roiss.

Buff. Sonn. tom. 5. pag. 344 ; — Lam. Anim. sans vert. tom. 6. 2.e part. pag. 156 ; — Desh. Encycl. méth. 2 ; *Bulla fontinalis*, Lin. ; *Planorbis bulla*, Mull. Verm. hist., 353 ; *Bulimus fontinalis*, Brug. Encycl. méth. 17 ; — Poir. Prodr. pag. 41 ; *la Bulle aquatique*, Geoff. 101.

Animal d'un gris noirâtre en dessus, plus pâle en dessous, pied allongé, aigu postérieurement ; manteau à bords divisés, segmens linéaires recouvrant la coquille ; tentacules blanchâtres.

Coquille ovale, très fragile, brillante, diaphane, couleur de corne pâle, spire de quatre tours, l'inférieur très ample ; sommet très obtus, ouverture grande, ovale-oblongue, à bords très minces ; péristome simple.

Diamètre, quatre à six millimètres ; hauteur, six à huit millim.

Habite les fontaines, les mares et fossés aquatiques.

15 LYMNÉE. *LYMNAEA.*

Animal ovale, plus ou moins spiral ; manteau à bords épaissis sur le cou ; pied grand, ovale, subémarginé antérieurement ; deux tentacules contractiles, courts, aplatis, triangulaires, oculés à leur base interne.

Coquille ovale ou oblongue, ventrue, conique ou turriculée, mince ; ouverture ovale, à bords désunis, le bord latéral tranchant, le columellaire avec un pli oblique sur la columelle.

Les Lymnées sont aquatiques, elles rampent et nagent. C'est renversées à la surface de l'eau qu'elles exécutent ce dernier genre de locomotion. Elles peuvent aussi vivre plusieurs jours hors de l'eau.

Elles déposent sur les pierres ou autres corps plongés dans l'eau, une masse gélatineuse d'un volume proportionné à celui de l'espèce. On y aperçoit des globules transparents surmontés d'un point noir. Bientôt ce point noir se développe, et au bout de quelques semaines on voit se former de petites coquilles pourvues de leur animal.

Lymnée stagnale. *Lymnæa stagnalis.*

Lymnæa stagnalis, Lam. Anim. sans vert. tom. 6. 2.e part. pag. 159; — De Roiss. Buff. Sonn. tom. 5. pag. 348; *Helix stagnalis*, Lin.; — List. tab. 123. fig. 21; *Buccinum stagnale*, Mull. Verm. hist. 327; *Bulimus stagnalis*, Brug. Encycl. méth. 13; — Poir. prodr. pag. 33; *Limneus stagnalis*, Drap. pag. 51. tab. 2. fig. 38. 39; *le grand Buccin*, Geoff. pag. 72.

Variété B. *Subfusca*.

Animal grisâtre ou roussâtre, plus pâle en dessous.

Coquille ovale-oblongue, grisâtre, fauve ou brunâtre, transparente, striée; spire de six à sept tours, l'inférieur un peu anguleux, ventru et très grand,

4*

les autres arrondis, formant en diminuant un cône effilé à sommet très aigu ; suture peu profonde ; ouverture ovale, très grande, bord latéral tranchant, un peu sinueux, le columellaire réfléchi sur la fente ombilicale qui est rarement visible.

Diamètre, quinze à vingt millimètres ; hauteur, trente à quarante millim. Ces dimensions sont beaucoup plus faibles dans la variété B.

Habite les eaux stagnantes.

Lymnée glutineuse. *Lymnæa glutinosa.*

Lymnæa glutinosa, MICH. Compl. pag. 88. tab. 16. fig. 13. 14; *Helix glutinosa*; GMEL.; *Buccinum glutinosum*, MULL. Verm. hist. 323; *Bulimus glutinosus*, POIR. Prodr. pag. 41; — BRUG. Encycl. méth. 16; *Limneus glutinosus*, DRAP. pag. 50.

Animal blanchâtre ou jaunâtre, marqué de points dorés ou de taches brunes visibles à travers la coquille ; tête et partie extérieure du manteau parsemés de taches grisâtres ; tentacules blanchâtres, légèrement ponctués de jaune d'un côté ; manteau très extensible, pouvant envelopper la coquille, ce qui l'a fait croire recouverte d'un enduit visqueux.

Coquille ovale, très ventrue, mince, diaphane, extrêmement fragile, de couleur de corne claire, légèrement striée ; spire de trois tours, l'inférieur très ample, les autres très petits, sommet obtus; ouverture ovale, très large.

Diamètre, huit à dix millimètres; hauteur, dix à douze millim.

Habite les eaux stagnantes; ruisseau, à la queue d'un étang, traversant le chemin qui conduit de la forêt de Jupilles à Chahaignes.

Lymnée ventrue. *Lymnæa auricularia.*

Lymnæa auricularia, Lam. Anim. sans vert. tom. 6. 2.e part. pag. 159; — De Roiss. Buff. Sonn. tom. 5. pag. 348; — Desh. Encycl. méth. 13; *Buccinum auricula*, Mull. Verm. hist. 322; *Helix auricularia*, Lin.; *Bulimus auricularia*, Brug. Encycl. méth. 14; — Poir. prodr. pag. 39; *Limneus auricularius*, Drap. pag. 49. tab. 2. fig. 28. 29; *le Radis ou Buccin ventru*, Geoff. 77.

Animal d'un gris noirâtre, plus pâle en dessous, parsemé de points colorés qui paraissent à travers la coquille.

Coquille ovale, très ventrue, luisante, transparente, d'un fauve clair, finement striée; spire de quatre tours, l'inférieur excessivement grand, les autres très petits, sommet aigu; ouverture ovale, très grande, bord columellaire évasé, recouvrant en partie la fente ombilicale.

Diamètre, quinze à vingt millimètres; hauteur, vingt à vingt-cinq millim.

Habite les rivières, ruisseaux et fossés qui y communiquent.

Lymnée ovale. *Lymnœa ovata.*

Lymnœa ovata, Lam. Anim. sans vert. tom. 6. 2.e part. pag. 161; — Desh. Encycl. méth. 10; *Helix teres*, Gmel.; *Limneus ovatus*, Drap. pag. 50. tab. 2. fig. 30. 31.

Variété B. *Limosa.* Drap. tab. 2. fig. 33. *Bulimus limosus*, Poir. Prodr. pag. 39.

Animal fauve ou grisâtre, avec des points dorés ou des taches noires visibles à travers la coquille; pied avec un sillon marginal; tentacules blanchâtres.

Coquille ovale, ventrue, luisante, transparente, de couleur fauve, finement striée; spire de quatre tours et demi, l'inférieur ample, les supérieurs plus allongés et décroissant moins vite que dans la lymnée ventrue, sommet aigu; ouverture ovale, bord columellaire évasé, recouvrant presqu'en entier la fente ombilicale.

Diamètre, dix à douze millimètres; hauteur, seize à vingt-deux millim.

Habite les rivières, les étangs et ruisseaux.

La variété B, plus petite et salie par une incrustation limoneuse, dans les mares et fossés des chemins.

Lymnée voyageuse. *Lymnæa peregra.*

Lymnœa peregra, LAM. Anim. sans vert. tom. 6. 2.e part. pag. 161 ; *Buccinum peregrum*, MULL. Verm. hist. 324 ; *Bulimus peregrus*, BRUG. Encycl. méth. 10 ; *Limneus pereger*, DRAP. pag. 50. tab. 2. fig. 34. 35.

Animal d'un gris fauve ou brunâtre, marqué de points dorés ou noirâtres, visibles à travers la coquille ; ces points manquent sur le pied et les tentacules, qui sont d'ailleurs d'une couleur plus pâle.

Coquille ovale-oblongue, cornée ou brunâtre, striée ; spire de quatre tours et demi, le dernier très grand, suture profonde, sommet aigu ; ouverture ovale, bord latéral un peu droit, quelquefois bordé de blanc à l'intérieur, bord columellaire sinueux, évasé et réfléchi ; fente ombilicale peu sensible.

Diamètre, huit à dix millimètres ; hauteur, seize à dix-huit millim.

Habite les eaux satgnantes, fossés des prés du Mans ; à St.-Maixent (Anjubault).

Lymnée des marais. *Lymnæa palustris.*

Lymnœa palustris, LAM. Anim. sans vert. tom. 6. 2.e part. pag. 160 ; — DESH. Encycl. méth. 12 ; *Helix corvus*, GMEL. ; *Bulimus palustris*, BRUG. Encycl. méth. 12. var. B ; — POIR. Prodr. pag. 35 ; *Limneus palustris*, DRAP. pag. 52. tab. 2. fig. 40. 41.

Variété B. *Media*. *Helix palustris*, Gmel.; *Buccinum palustre*, Mull. Verm. hist. 326; *Bulimus palustris*, var. A. Brug. Encycl. méth. 12; *Limneus palustris*, var. B. Drap. tab. 2. fig. 42. tab. 3. fig. 1; List. tab. 124. fig. 24.

Variété C. *Minor*. *Helix fragilis*, Lin.; List. tab. 8. fig. 3; Gualt. tab. 5. fig. E; *Limneus palustris*, var. C. Drap. tab. 3. fig. 2.

Animal brunâtre, quelquefois marqué de points d'un jaune pâle non visibles à travers la coquille; tentacules blanchâtres.

Coquille ovale - oblongue, opaque et d'un brun plus ou moins foncé dans les deux premières variétés, transparente et cornée dans la troisième; spire de six tours progressivement décroissans, marqués extérieurement, outre les stries transversales, de bandes longitudinales saillantes, sommet aigu; ouverture ovale, point de fente ombilicale.

Diamètre, variété A, dix millimètres; hauteur, vingt à vingt-cinq millim.

Variété B, sept à huit millimètres; hauteur, quinze à seize millim.

Variété C, six à huit millimètres; hauteur, dix à douze millim.

Habite les eaux stagnantes, les fossés aquatiques.

Lymnée leucostome. *Lymnæa leucostoma.*

Lymnæa leucostoma, LAM. Anim. sans vert. tom. 6. 2.e part. pag. 162 ; — DESH. Encycl. méth. 5; *Limneus elongatus*, DRAP. pag. 53. tab. 3. fig. 3. 4; *Bulimus leucostoma*, POIR. Prodr. pag. 37.

Animal d'un gris noirâtre, tentacules plus pâles, yeux noirs; une tache blanchâtre près de chaque œil.

Coquille allongée, turriculée, cendrée ou un peu brune, transparente, striée ; spire de sept tours, sommet aigu ; ouverture ovale, un peu rétrécie, bordée intérieurement d'un bourrelet blanchâtre, bord un peu membraneux ; point de fente ombilicale.

Diamètre, quatre à cinq millimètres ; hauteur, douze à dix-sept millim.

Habite les fossés aquatiques.

Lymnée gencivée. *Lymnæa gingivata.*

Lymnæa gengivata, planche 1, figures 8. 9. 10; *Limneus minutus*, var. *y*, DRAP. pag 53?

Animal brunâtre.

Coquille ovale-oblongue, d'un brun fauve, transparente, très finement striée; spire de quatre tours et demi à cinq tours, suture marquée, sommet aigu; ouverture ovale, à bords membraneux, garnie à l'intérieur d'un bourrelet épais et blanchâtre, bord columellaire évasé, arrondi; point de fente ombilicale.

Diamètre, deux à trois millimètres; hauteur, quatre à sept millim.

Habite les fossés aquatiques; le Mans, chemin du Gué-Bernisson à l'Epau.

Lymnée troncatulée. *Lymnœa truncatula.*

Lymnœa truncatula, pl. 2. fig. 1. 2. 3; *Buccinum truncatulum*, MULL. Verm. hist. 325; *Helix fossaria*, des Anglais; *Limneus minutus*, var. B. DRAP. pag. 53. tab. 3. fig. 5. 6.

Animal d'un gris noirâtre.

Coquille ovale-oblongue, noire ou d'un brun noirâtre, striée, un peu transparente; spire de cinq tours ou cinq tours et demi très convexes, coupés obliquement vers la base et tronqués transversalement en dessus, le dernier tour beaucoup plus ample, suture très profonde; ouverture ovale, à bord columellaire très sinueux, évasé, réfléchi, collé sur le second tour et ordinairement sale; une petite fente ombilicale située en arrière.

Diamètre, quatre à cinq millimètres; hauteur, dix à douze millimètres.

Habite les fontaines; lavoir du pré de la Guyonnière, dépendant de Martigné, commune d'Avessé.

Lymnée petite. *Lymnæa minuta.*

Lymnœa minuta, LAM., Anim. sans vert. tom. 6. 2.e part. pag. 162; — DESH. Encycl. méth. 6; *Helix limosa*, LIN.; *Buccinum minus*, LIST. tom. 2. fig. 22; *Limneus minutus*, DRAP, pag. 53. tab. 3. fig. 5. 6. 7; *le petit Buccin*, GEOFF. 75.

Animal noirâtre, blanchâtre en dessous, marqué de taches jaunes visibles à travers la coquille.

Coquille ovale-oblongue, d'un gris jaunâtre, transparente, finement striée; spire de cinq tours; suture profonde, sommet aigu; ouverture ovale, dénuée de bourrelet intérieur, bords sans membrane, le columellaire évasé, à peine sinueux, recouvrant une fente ombilicale peu sensible.

Diamètre, deux à trois millimètres; hauteur, quatre à six millim.

Habite les fontaines et les fossés alimentés par leurs eaux.

ORDRE 2.

PULMOBRANCHES OPERCULÉS.

Toujours contenus dans une coquille spirale pourvue d'un opercule; respirant comme les précédens; sexes séparés.

5.e Famille.

CRICOSTOMÉS.

Animal spiral à tête proboscidiforme, yeux sessiles, situés au côté externe de la base des tentacules.

Coquille à ouverture circulaire, complètement fermée par un opercule calcaire ou corné, à sommet subcentral.

16 CYCLOSTOME. *CYCLOSTOMA.*

Animal spiral ; tête en forme de trompe, à deux tentacules cylindriques, renflés à l'extrémité, oculés à leur base externe ; pied petit.

Coquille élevée, tours de spire arrondis ; ouverture ronde à bords réunis et réfléchis ; opercule complet, non spiral.

Trachélipode terrestre, habitant les terrains calcaires.

Cyclostome élégant. *Cyclostoma elegans.*

Cyclostoma elegans, Drap. pag. 32. tab. 1. fig. 5. 6. 7. 8; — Lam. Anim. sans vert. tom. 6. 2.e part. pag. 148; — De Roiss. Buff. Sonn. tom. 5. pag. 297; — Desh. Encycl. méth. 6.; *Turbo elegans*, Gmel.; Poir. Prodr. pag. 31; *Nerita elegans*, Mull. Verm. hist. 363; De Blainv. Faun. franç. Céphalés. pl. 12. c. fig. 2; *l'élégante Striée*, Geoff. 108.

Animal d'un brun noirâtre, plus pâle en dessous ; cou, tête et tentacules ridés transversalement, ceux-ci grisâtres, linéaires, noirs et arrondis à leur extrémité ; yeux noirs.

Coquille ovale-conique, dure, élégamment striée, grisâtre ou roussâtre, tantôt marquée de deux séries de taches brunes, tantôt sans taches, spire de cinq tours arrondis, suture profonde ; ouverture arrondie, péristome simple ; fente ombilicale profonde ; opercule corné à stries disposées en spirale.

Diamètre, huit à dix millimètres ; hauteur, quatorze à quinze millim.

Habite les champs calcaires, les vignes, les haies.

ORDRE 3.

PECTINIBRANCHES.

Respiration aquatique, s'exécutant par des branchies finement denticulées comme un peigne, situées à la partie antérieure du dos et contenues dans une cavité dont la paroi supérieure est dépourvue de tube, mais munie d'un appendice linguiforme.

6.e Famille.

TURBINÉS.

Animal à deux tentacules subulés, contractiles, oculés à leur base.

Coquille à ouverture arrondie ou ovale, à bords non désunis, sans canal ni échancrure.

17 PALUDINE. *PALUDINA.*

Animal ovale, spiral, tête en forme de trompe; tentacules coniques, obtus, portant les yeux sur un renflement existant vers leur tiers inférieur externe; bouche sans dent, renflement lingual hérissé; organes de la respiration formés par trois rangées de filamens branchiaux; pied trachélien, ovale, avec un sillon marginal antérieur.

Coquille épidermée, conoïde, à sommet mamelonné, tours de spire arrondis; ouverture arrondie ou ovale, à bords réunis, tranchans; opercule corné, orbiculaire, strié, à élémens concentriques.

Les sexes sont séparés dans les Paludines, elles vivent dans les eaux vives ou dormantes.

§ I. Spire allongée, coquille cylindracée.

Paludine de Férussac. *Paludina Ferussina.*

Paludina Ferussina, C. des Moulins, Bull. de la Soc. lin. de Bord. tom. 2. p. 65. n.° 5; — Mich. Compl. pag. 93. tab. 15. fig. 56. 57.

Animal très noir en dessus, pied grisâtre, aigu postérieurement, à deux lobes antérieurement qui dépassent le mufle ; opercule gris, enfoncé dans la coquille.

Coquille cylindracée, mince, transparente, blanchâtre, souvent encroutée d'un limon d'un vert noirâtre ; cinq tours de spire arrondis, suture profonde, sommet obtus et mamelonné ; ouverture ovale arrondie, péristome simple, fente ombilicale très étroite.

Diamètre, un millimètre et demi ; hauteur, trois millimètres.

Habite les sources, au pied des rochers, parmi le *Lemna trisulca;* à Sablé, près le four à chaux de l'Arc-en-Pied ; Chevillé, à la Chenardière.

§ II. Spire courte, coquille ovale.

Paludine impure. *Paludina impura.*

Paludina impura, LAM. Anim. sans vert. tom. 6. 2.e part. pag. 175; — DESH. Encycl. méth. 7 ; *Helix tenticulata*, LIN. ; *Nerita jaculator*, MULL. Verm. hist. 372 ; — LIST. tab. 132. fig. 32 ; *Bulimus tentaculatus*, POIR. Prodr. pag. 61 ; *Cyclostoma impurum*, DRAP. pag. 36. tab. 1. fig. 19. 20 ; — De ROISS. Buff. Sonn. tom. 5. pag. 299 ; *la petite Operculée aquatique*, GEOFF. 113.

Animal noirâtre, avec de nombreux points dorés, visibles à travers la coquille, quand celle-ci est nette ; tentacules longs, très flexibles ; anus proéminent, situé au côté droit.

Coquille ovale-oblongue, jaunâtre et transparente quand elle n'est point salie par une incrustation limoneuse, striée; spire de cinq tours à cinq tours et demi, sommet aigu; ouverture ovale, bordée intérieurement d'un bourrelet blanchâtre, péristome bordé de brun; point de fente ombilicale; opercule corné, blanchâtre, transparent, marqué de deux sillons circulaires.

Diamètre, six à sept millimètres; hauteur, huit à douze millim.

Habite les petites rivières, les ruisseaux et les fossés aquatiques qui y communiquent.

Paludine vivipare. *Paludina vivipara.*

Paludina vivipara, LAM. Anim. sans vert. tom. 6. 2.e part. pag. 173; — DESH. Encycl. méth. 1; *Helix vivipara* LIN.; — LIST. tab. 126. fig. 26; *Nerita vivipara*, MULL. Verm. hist. 370; *Bulimus viviparus*, POIR. Prodr. pag. 61; *Cyclostoma viviparum*, DRAP. pag. 34. tab. 1. fig. 16. 17; *la Vivipare à bandes*, GEOFF. 100.

Animal vivipare, brunâtre, parsemé de points dorés très abondans sur le pied, celui-ci très large, ovale, arrondi; mufle à deux lobes.

Coquille ovale, mince, transparente, striée, recouverte d'un épiderme d'un brun verdâtre, marquée de trois bandes brunes plus sensibles sur le tour inférieur; spire de six tours très convexes, le supérieur aigu et très petit, presque toujours détruit, suture très profonde ; ouverture ovale-arrondie, péristome noir ou bleuâtre, fente ombilicale ouverte ; opercule corné, à stries concentriques.

Diamètre, vingt à vingt-deux millimètres ; hauteur, vingt-cinq à trente millim.

Habite les eaux stagnantes, plus rarement dans les petites rivières.

Paludine agathe. *Paludina achatina.*

Paludina achatina, LAM. Anim. sans vert. tom. 6. 2.e part. pag. 174 ; DESH. Encycl. méth. 2. pl. 458. fig. 1 ; *Helix fasciata*, GMEL. ; *Nerita fasciata*, MULL. Verm. hist., 369 ; *Cyclostoma achatinum*, DRAP. pag. 36. tab. 1. fig. 18.

Animal vivipare, semblable au précédent.

Coquille ovale, épaisse, d'un vert blanchâtre, striée, marquée sur les tours inférieurs de trois bandes d'un brun violet ; spire de six tours convexes, le supérieur aigu et presque toujours détruit ; suture moins profonde que dans l'espèce précédente ; ouverture obovale, moins arrondie que dans la paludine vivipare, péristome d'un blanc bleuâtre ; opercule corné, à stries concentriques.

Diamètre, dix-huit à vingt millimètres ; hauteur, vingt-cinq à trente millim.

Habite les rivières.

Paludine semblable. *Paludina similis.*

Paludina similis, Mich. Compl. pag. 93; *Cyclostoma simile*, Drap. pag. 34. tab. 1. fig. 15.

Animal grisâtre, blanchâtre en dessous, marqué de points dorés visibles à travers la coquille; tentacules blancs, très flexibles, yeux noirs.

Coquille ovale, conique, mince, transparente, cornée, verdâtre; spire de cinq tours convexes, le dernier très grand relativement aux autres, suture profonde, sommet aigu; ouverture arrondie, péristome simple; fente ombilicale oblique, peu profonde; opercule corné, à stries circulaires très marquées.

Diamètre, trois à quatre millimètres; hauteur, quatre à six millim.

Habite les petites rivières, les ruisseaux et les fossés qui y communiquent; le Mans, Moulin-à-l'Evêque; Vallon, Chantenay, Viré.

18 VALVÉE. *VALVATA.*

Animal spiral, à pied court, bilobé antérieurement; tête en forme de trompe, deux tentacules fort longs, cylindracés, obtus, rapprochés, oculés postérieurement vers leur base; une branchie longue, contractiles, s'allongeant plus ou moins hors de la cavité; celle-ci portant à son bord droit un appendice simulant un troisième tentacule.

Coquille subdiscoïde ou conoïde, ombiliquée; tours de la spire arrondis, sommet mamelonné; ouverture ronde à bords réunis, tranchans; opercule corné, orbiculaire, à élémens concentriques ou circulaires.

Les Valvées ont l'aspect des Planorbes et des Paludines, mais les caractères génériques les en distinguent parfaitement; elles sont aquatiques.

Valvée piscinale. *Valvata piscinalis.*

Valvata piscinalis, LAM. Anim. sans vert. tom. 6. 2.e part. pag. 172; — DESH. Encycl. méth. 1; *Nerita piscinalis*, *Nerita pusilla*, MULL. Verm. hist. 358, 357; *Helix fascicularis*, GMEL.; *Turbo cristata*, POIR. Prodr. pag. 29; *Cyclostoma obtusum*, DRAP. pag. 33. tab. 1. fig. 14; — De ROISS. Buff. Sonn. tom. 5.; pag. 298. De BLAINV. Faun. franç. céphal. pl. 12. c. fig. 6; *le Porte-Plumet*, GEOFF. 115.

Animal grisâtre, transparent, branchie pectiniforme plus longue que les tentacules.

Coquille globuleuse, trochiforme, blanchâtre, striée; spire de quatre tours convexes, sommet obtus; ouverture ronde, fermée par un opercule enfoncé dans la coquille, marqué d'une strie élevée, en spirale; ombilic profond, ouvert.

Diamètre, quatre à six millimètres; hauteur, trois à quatre millimètres.

Habite les ruisseaux et les fossés qui y communiquent, le Mans, Moulin-à-l'Evêque; Vallon, Chantenay.

Observ. : cette espèce se trouve quelquefois aglomérée en grouppes assez nombreux.

Valvée planorbe. *Valvata planorbis.*

Valvata planorbis, Drap. pag. 41. tab. 1. fig. 34. 35; — De Roiss. Buff. Sonn. tom. 5. pag. 380; *Valvata cristata*, Mull. Verm. hist. 384.

Animal noirâtre, blanchâtre en dessous, tentacules coniques, blancs, yeux noirs.

Coquille discoïde, plane en desssus, fortement ombiliquée en dessous, très finement striée, blanchâtre, transparente, souvent encroutée d'un limon brunâtre; spire de trois tours; ouverture ronde, péristome simple, opercule enfoncé dans la coquille, concave en dedans, convexe en dehors, marqué de lignes concentriques.

Diamètre, deux millimètres; épaisseur, environ un millimètre.

Habite les fossés des prairies, parmi les végétaux en décomposition; le Mans, près de la Mission; Avessé, prairies de Martigné.

7.e Famille.

TROCHOIDÈS.

Animal subglobuleux; deux tentacules longs, les

yeux portés sur de courts pédoncules à leur base externe.

Coquille semiglobuleuse, à bords quelquefois désunis, mais sans former de canal, le bord droit non denté; un opercule subspiral.

19 NÉRITINE. *NERITINA.*

Animal subglobuleux, pied circulaire épais, sans sillon antérieur, ni lobe postérieur destiné à l'opercule; deux tentacules coniques, sétacés, ayant à leur base externe deux courts pédoncules portant les yeux à leur extrémité.

Coquille convexe en dessus, applatie en dessous, mince, non ombiliquée; spire peu ou point saillante; ouverture semi-lunaire, entière, le bord columellaire septiforme, aplati, tranchant, entier; opercule calcaire, muni d'une apophyse latérale.

Les sexes sont séparés dans les Néritines. Elles vivent dans les eaux vives, les fontaines, elles ne nagent pas, mais rampent sur les pierres ou autres corps immergés auxquels elles restent longtemps appliquées.

Néritine fluviatile. *Neritina fluviatilis.*

Neritina fluviatilis, Lam. Anim. sans vert. tom. 6. 2.e part. pag. 188; — Desh. Encycl. méth. 25; *Nerita fluviatilis*, Lin.; — Mull. Verm. hist. 381; — List. tab. 141. fig. 38;

— Poir. Prodr. pag. 97; — Drap. pag. 31. tab. 1. fig. 1 à 4; — De Roiss. Buff. Sonn. tom. 5. pag. 270; *la Nérite des rivières*, Geoff. 118.

Animal subglobuleux, grisâtre, transparent; pied circulaire, pâle en dessous; tentacules longs, yeux petits, noirs.

Coquille semi-globuleuse, aplatie en dessous, brune, jaunâtre ou marquée de taches de forme et de couleur variables; spire de deux tours, le dernier très grand; ouverture semi-lunaire à bords entiers, l'externe très excavé, l'interne ou columellaire aminci, droit, en forme de cloison.

Opercule oblique, corné, coloré à son bord externe, apophyse grande, canaliculée, située à son bord antérieur.

Habite les rivières et ruisseaux, appliquée sur les pierres.

ORDRE 4.

SCUTIBRANCHES.

Respiration aquatique s'exécutant par des branchies logées dans une cavité située sur la gauche de l'animal, celui-ci est protégé par une coquille recouvrante.

8.e Famille.

OTIDÈS.

Animal à corps ovalaire, à pied très grand et

manteau mince ; branchies latérales, dans une cavité au côté gauche de l'animal, située entre le pied et le manteau, et fermée par un appendice operculaire

Coquille plus ou moins ovale, ouverture aussi grande que la coquille, à bords continus.

20 ANCYLE. *ANCYLUS.*

Animal à corps conique un peu courbé en arrière; manteau à bords minces ; tête grosse ; deux tentacules cylindriques, oculés à leur base interne, ayant à leur côté externe un appendice foliacé.

Coquille ovale, conique, recouvrante, sans spire et sans columelle, à sommet oblique et pointu, ouverture à bords entiers et évasés ; point d'opercule.

Les Ancyles ressemblent à de petites Patelles ; elles sont aquatiques et habitent les eaux pures, attachées aux pierres ou autres corps immergés dont elles se détachent rarement. Ces animaux rampent et ne nagent pas.

Ancyle fluviatile. *Ancylus fluviatilis.*

Ancylus fluviatilis, Mull. Verm. hist. 386 ; — Drap. pag. 48. tab. 2. fig. 23. 24 ; — De Roiss. Buff. Sonn. tom. 5. pag. 226 ; — Lam. Anim. sans vert. tom. 6. 2.e part. pag. 27 ; — Desh. Encycl. méth. 2. ; *Patella fluviatilis*, List. tab. 141. fig. 39 ; *Patella cornea*, Poir. Prodr. pag. 101.

Animal grisâtre, plus pâle en dessous, transparent.

Coquille pyramidale, brunâtre, cornée, marquée de stries concentriques, à sommet obtus, recourbé et tourné directement en arrière, ouverture elliptique.

Diamètre, quatre à cinq millimètres dans un sens, trois à quatre dans l'autre; hauteur, deux à trois millimètres.

Habite les rivières, ruisseaux et fontaines, appliquée aux pierres ou autres corps immergés.

Ancyle des lacs. *Ancylus lacustris.*

Ancylus lacustris, MULL. Verm. hist. 385; — DRAP. pag. 47. tab. 2. fig. 25. 26. 27; — De ROISS. Buff. Sonn. tom. 5. pag. 226; — LAM. Anim. sans vert. tom. 6. 2.e part. pag. 27; — DESH. Encycl. méth. 1; *Patella lacustris*, LIN.; — POIR. Prodr. pag. 99; *l'Ancile*, GEOFF. 124.

Animal grisâtre, transparent.

Coquille pyramidale, affaissée, très mince, transparente, de couleur de corne claire, à sommet aigu, recourbé et tourné en arrière et à gauche; ouverture ovale-oblongue.

Diamètre, antéro-postérieur, quatre à six millimètres, latéral, deux à trois millimètres; hauteur, deux millimètres.

Habite les rivières, les étangs, attachée aux pierres et aux joncs; le Mans, Moulin-à-l'Evêque; Anvers-le-Hamon, dans le Treulon; les Mares, à St-Maixent (Anjubault.)

CLASSE 2.e

MOLLUSQUES ACÉPHALÉS.

Tête non apparente, dépourvue de tout appareil de sensations spéciales; corps ordinairement comprimé, enveloppé dans un manteau à deux lobes, contenu dans une coquille, formée de deux pièces; organes de la respiration branchiaux ou aquatiques et cachés.

ORDRE 1.er

LAMELLIBRANCHES.

Respiration aquatique, s'exécutant par des branchies en formes de lames semi-circulaires, disposées symétriquement de chaque côté du corps; bouche grande, cachée dans le fond du manteau; celui-ci, qui enveloppe tous les organes, s'ouvre dans toute sa longueur, à ses deux bouts ou à une seule extrémité.

Coquille bivalve, s'articulant par une charnière; ses deux pièces jouent l'une sur l'autre, au moyen d'un ligament et de muscles adducteurs; reproduction sans accouplement.

Ces mollusques se nourrissent d'animaux microscopiques ou de substances animales, à l'état presque moléculaire.

9.ᵉ Famille.

SUBMYTILACÉS.

Manteau adhérent et fendu dans toute sa partie inférieure, avec un orifice distinct pour l'anus, et un commencement de tube pour la respiration ; une large masse charnue abdominale pour la locomotion, sans byssus à sa base ; deux impressions musculaires distinctes.

Coquille régulière, équivalve, subnacrée, charnière dorsale, lamelleuse, ligament externe ; deux impressions musculaires avec l'impression abdominale qui les réunit, non excavée en arrière.

Les espèces qui appartiennent à cette famille, sont très voyageuses ; on voit souvent sur la boue et le sable, quand les eaux sont retirées, les sillons multipliés qu'elles y tracent.

21 ANODONTE. *ANODONTA.*

Animal ovale, épais ; manteau à bords simples ou frangés, épaissis, ouvert dans toute sa circonférence, si ce n'est vers le dos ; branchies tubiformes, garnies de deux rangées de papilles ; pied très large et lamelliforme.

Coquille inéquilatérale, auriculée, mince ; ovale-oblongue, charnière dépourvue de dents ; ligament externe, dorsal, postérieur, linéaire, allongé ; deux impressions musculaires bien marquées, outre celles des muscles rétracteurs.

Les Anodontes sont hermaphrodites et vivipares ; elles vivent dans les étangs et les rivières.

Anodonte des cygnes. *Anodonta cygnea.*

Anodonta cygnea, DRAP. pag. 134. tab. 11. fig. 6. tab. 12. fig. 1 ; — De ROISS. Buff. Sonn. tom. 6. pag. 316 ; — LAM. Anim. sans vert. tom. 6. 1.re part. pag. 84 ; *Mytilus cygneus*, LIN. ; MULL. Verm. hist 394 ; — LIST. tab. 156 fig. 11 ; — GUALT. tab. 7. fig. F. ; *Anodontites cygnea*, POIR. Prodr. pag. 109 ; De BLAINV. Faun. franç. lamellibr. pl. 6. fig. 1 ; *la grande Moule des étangs*, GEOFF. 139.

Animal jaunâtre.

Coquille ovale-allongée, d'un brun verdâtre à l'extérieur ; bords un peu comprimés et tranchans, formant un angle obtus près de la charnière ; sommets rougeâtres ; valves minces et fragiles, d'un blanc nacré à l'intérieur.

Diamètre, en hauteur, huit à neuf centimètres ; en longueur, quatorze à seize centim. ; en épaisseur, deux à quatre centim.

Habite les étangs.

Anodonte des canards. *Anodonta anatina.*

Anodonta anatina, DRAP. pag. 133. tab. 12. fig. 2 ; — De

Roiss. Buff. Sonn. tom. 6 pag. 316; — Lam. Anim. sans vert. tom. 6. 1.re part. pag. 85; *Mytilus anatinus*, Lin.; — List. tab. 153. fig. 8; — Gualt. tab. 7. fig. E; *Anodontites anatina*, Poir. Prodr. pag. 109; — Encycl. méth. pl. 202. fig. 1; De Blainv. Faun. franç. lamellibr. pl. 6. fig. 2. 3.

Variété B. *Radiata.*

Animal grisâtre, pied court, large et arrondi.

Coquille ovale, formant près de la charnière un angle plus saillant que dans l'autre espèce, brune à l'extérieur, marquée de sillons profonds et de lignes saillantes, ayant dans la variété B quelques rayons verdâtres, qui partent des sommets; ceux-ci sont ordinairement dénudés ou grisâtres; valves nacrées à l'intérieur, plus épaisses et plus solides que celles de l'anodonte des cygnes.

Diamètre, en hauteur, quatre à cinq centimètres; en longueur, six à huit centimèt.; en épaisseur, vingt à vingt-cinq millimètres.

Habite les rivières.

22 MULETTE. *UNIO.*

Animal ovale, épais; manteau à bords simples ou frangés; deux trachées courtes, foraminiformes, la branchiale plus saillante et frangée, pied large, linguiforme.

Coquille ovale-oblongue, épaisse, nacrée intérieurement; charnière formée, outre une longue dent lamelleuse, d'une double dent cardinale; plus ou moins comprimée et dentée irrégulièrement sur la valve gauche, simple sur la valve droite ; ligament externe, postérieur, dorsal, linéaire, allongé ; deux impressions musculaires outre celles des muscles rétracteurs.

Mulette littorale. *Unio littoralis.*

Unio littoralis, Cuv. ; — Poir. Prodr. pag. 107 ; — Drap. pag. 133. tab. 10. fig. 20 ; — De Roiss. Buff. Sonn. tom. 6. pag. 321 ; — Lam. Anim. sans vert. tom. 6. 1.re part. pag. 76 ; — Desh. Encycl. méth. 6. pl. 248. fig. 2 ; — De Blainv. Faun. franç. lamellibr. pl. 7. fig. 3.

Variété B. *Subtetragona. Unio subtetragona*, Mich. Compl. pag. 111, pl. 16. fig. 23.

Animal grisâtre ou blanchâtre.

Coquille ovale ou un peu tétragone, recouverte d'un épiderme épais et noirâtre, marquée de stries et de sillons très prononcés ; sommets obtus, rugueux, ordinairement excoriés; valves très épaisses, d'un blanc nacré à l'intérieur; dents cardinales épaisses, courtes et obtuses.

Diamètre, en hauteur, quatre à cinq centimètres ; en longueur, six à huit centim. ; en épaisseur, vingt-cinq à trente millimètres.

Habite les rivières ; la variété B dans le Loir.

Mulette obtuse. *Unio Batava.*

Unio Batava, Lam. Anim. sans vert. tom. 6. 1.re part. pag. 78 ;

—Desh. Encycl. méth. 15. pl. 248. fig. 3 ; Mich. Compl. pag. 109; *Unio pictorum*, var. B. Drap. pag. 131. tab. 11. fig. 3; De Blainv. Faun. franç. lamellibr. pl. 7. fig. 2.

Animal brunâtre ou grisâtre.

Coquille ovale, d'un vert obscur avec des bandes brunes et des rayons d'un vert foncé, qui partent des sommets ; ceux-ci sont obtus, peu ridés et ordinairement excoriés; dents moins comprimées que dans la mulette des peintres ; la valve droite porte à son bord une seconde dent beaucoup plus petite que la dent cardinale qui est vis à vis.

Diamètre en hauteur, 30 millimètres; en longueur, quarante-cinq à cinquante millimètres ; en épaiseur, dix-huit à vingt millimètres.

Habite la rivière de Vègre, à Avessé : on la trouvera probablement dans toutes les autres rivières du département quand on saura la distinguer.

Mulette des peintres. *Unio pictorum.*

Unio pictorum, Cuv. ; — Poir. Prodr. pag. 105 ; — Drap. pag. 131. tab. 11. fig. 1. 2. 4 ; — De Roiss. Buff. Sonn. tom. 6. pag. 320 ; — Lam. Anim. sans vert. tom. 6. 1.re part. pag. 77 ; — Desh. Encycl. méth. 20. pl. 248 fig. 4 ; *Mya pictorum*, Lin. ; — Mull. Verm. hist. 397 ; De Blainv. Faun. franç. lamellibr. pl. 7. fig. 1 ; *la Moule des rivières*. Geoff. 141.

Animal grisâtre ou jaunâtre, pied court et arrondi.

Coquille ovale-allongée, d'un vert jaunâtre ou brunâtre avec des bandes plus foncées, marquée de stries peu élevées ; sommets aigus, recourbés, chargés de rides très prononcés, quelquefois excoriés ; dents cardinales élargies et très comprimées, sans apparence d'une seconde à la valve droite.

Diamètre, en hauteur, vingt à vingt-cinq millimètres ; en longueur, quatre à six centimètres ; en épaisseur, dix-huit à vingt millimètres.

Habite les rivières.

10.e Famille.

CYCLADÉS.

Manteau fermé en avant, en dessus et en arrière où il est prolongé par deux tubes plus ou moins longs ; abdomen pourvu d'un pied servant à la locomotion.

Coquille suborbiculaire, équivalve, régulière ; charnière dorsale avec engrenage et ligament ; deux impressions musculaires distinctes, réunies inférieurement par une ligule plus ou moins large.

Les animaux de cette famille vivent enfoncés plus ou moins dans la vase et le sable des eaux vives ou stagnantes où elles se trouvent.

23 CYCLADE. *CYCLAS.*

Animal ovale, épais, manteau à bords simples ; deux trachées tubiformes courtes et réunies ; pied large, comprimé à sa base, terminé par un appendice.

Coquille épidermée, ovale ou suborbiculaire, équivalve, inéquilatérale ou subéquilatérale; charnière complexe, dents apiciales bifides ou dentées; dents cardinales en nombre variable, dents latérales lamelliformes, écartées, avec une fossette à la base; ligament extérieur, postérieur et bombé; deux impressions musculaires réunies par une ligule peu marquée.

Cyclade rivicole. *Cyclas rivicola.*

Cyclas rivicola, Lam. Anim. sans vert. tom. 5. pag. 558; — Desh. Encycl. méth. 2. pl. 301. fig. 3; *Cyclas cornea*, Drap. pag. 128. tab. 10. fig. 1. 2. 3; — De Roiss. Buff. Sonn. tom. 6. pag. 370.

Animal grisâtre.

Coquille bombée; un peu transparente, subéquilatérale, à extrémités arrondies, brunâtre à l'extérieur, fortement striée, les sommets et quelquefois le bord inférieur sont jaunâtres; valves d'un nacré bleuâtre à l'intérieur; dents cardinales petites, tranchantes, dents latérales saillantes et comprimées.

Diamètre, en hauteur, seize à dix-huit millimètres; en longueur, vingt à vingt-deux millimètres; en épaisseur, dix à douze millimètres.

Habite les rivières.

Observ. : nous avons fait figurer pl. 1 fig. 1 à 4, une petite coquille très comprimée que nous croyons être l'embryon de la Cyclade rivicole. Nous l'avons trouvée dans la Sarthe, à Sablé. Des observations ultérieures pourront seules nous fixer à son égard.

Cyclade cornée. *Cyclas cornea.*

Cyclas cornea, LAM. Anim. sans vert. tom. 5. pag. 558; — DESH. Encycl. méth. 3; *Tellina cornea*, LIN.; — POIR. Prodr. pag. 111; *Tellina rivalis*, MULL. Verm. hist. 387; *Cyclas rivalis*, DRAP. pag. 129. tab. 10. fig. 4. 5; *la Came des ruisseaux*, GEOFF. 133.

Animal blanchâtre, transparent, souvent coloré en rose sur le tube des trachées tubiformes ou syphons, dont l'une a l'orifice grand et quadrifique, l'autre plus petit et accuminé.

Coquille bombée, subéquilatérale, à extrémités arrondies, finement striée, d'un brun grisâtre à l'extérieur avec une ou plusieurs bandes jaunâtres; sommets très obtus; valves minces, transparentes; dents cardinales extrêmement petites, dents latérales comprimées.

Diamètre, en hauteur, huit à dix millimètres; en longueur, dix à douze millimètres; en épaisseur, six à sept millimètres.

Habite les ruisseaux et les fossés comm[illegible] avec les rivières.

Cyclade des lacs. *Cyclas lacustris.*

Cyclas lacustris, Drap. pag. 130. tab. 10. fig. 6. 7, — Lam. Anim. sans vert. tom. 5 pag. 559; *Tellina lacustris*, Mull. Verm. hist. 388.

Animal blanchâtre, transparent.

Coquille médiocrement bombée, inéquilatérale, un peu tétragone, grisâtre, finement striée, extrémité antérieure moins arrondie que la postérieure; sommets aigus; valves minces, transparentes; charnière un peu droite, dents cardinales et latérales très petites et presque semblables.

Diamètre en hauteur, cinq à six millimètres; en longueur, sept à huit millimètres; en épaisseur, quatre millimètres.

Habite les fossés des marais; le Mans, prairies de St-Pavace; à Brûlon, Chantenay, Vallon.

Cyclade des fontaines. *Cyclas fontinalis.*

Cyclas fontinalis, Drap. pag. 130. tab. 10. fig. 9. 10. 11. 12. 13; — Lam. Anim. sans vert. tom. 5. pag. 559; — Desh. Encycl. méth. 5.

Animal blanchâtre.

Coquille très bombée, suborbiculaire, inéquilatérale, brunâtre ou grisâtre, légèrement striée; sommets arrondis; valves minces, transparentes; dents peu sensibles.

Diamètre, en hauteur, deux à trois millimètres; en longueur, trois à quatre millim.; en épaisseur, deux millimètres.

Habite les fossés aquatiques alimentés par des eaux de source; le Mans, chemin du Gué-Bernisson aux moulins de l'Epau.

Cyclade caliculée. *Cyclas caliculata.*

Cyclas caliculata, DRAP. pag. 130 tab. 10. fig. 14. 15; — LAM. Anim. sans vert. tom. 5. pag. 559; — DESH. Encycl. méth. 4.

Animal grisâtre, transparent.

Coquille un peu comprimée, subéquilatérale, blanchâtre, finement striée; sommets aigus, couronnés par un mamelon saillant, concave intérieurement; valves très minces, transparentes; dents cardinales très petites, dents latérales obtuses et comprimées.

Diamètre en hauteur, six à sept millimètres; en longueur, huit à neuf millimètres; en épaisseur, quatre à cinq millimètres.

Habite les eaux tranquilles; le Mans, mares et vieilles marnières; Avessé, mares de Martigné.

Cyclade des rivières. *Cyclas amnica.*

Cyclas amnica; *tellina amnica*, MULL. Verm. hist. 388; *Cyclas Palustris*; DRAP. pag. 131. tab. 10. fig. 17. 18; *Cyclas obliqua*, LAM. Anim. sans vert. tom. 5. pag. 559.

Animal grisâtre.

Coquille un peu comprimée, presque triangulaire, inéquilatérale, brunâtre, cendrée au sommet, marquée de stries régulières et élevées ; sommets obtus ; dents cardinales très petites, quatre dents latérales obtuses ; valves d'un nacré bleuâtre à l'intérieur.

Diamètre, en hauteur, six à huit millimètres ; en longueur, huit à dix millimètres ; en épaisseur, quatre millimètres.

Habite les petites rivières et ruisseaux, le Mans, à l'Epau ; Vallon, Chantenay.

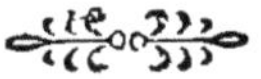

TABLEAU ANALYTIQUE DES GENRES.

1	Mollusques à corps nus.	2
	Mollusques à corps recouvert par une coquillle.	4
2	Corps nu, mais renfermant dans la cuirasse des rudimens calcaires.	3
	Corps nu, ayant son extrémité postérieure protégée par une très petite coquille.	*Testacella.*
3	Fragmens calcaires granuliformes.	*Arion.*
	Fragment calc., ovale, muni d'apophyses.	*Limax.*
4	Coquille univalve.	5
	Coquille bivalve.	21

COQUILLE UNIVALVE.

5	Animal à deux tentacules.	6
	Animal à quatre tentacules.	15
6	Coquille operculée.	7
	Coquille sans opercule.	10
7	Coquille semi-globuleuse ou ovale.	8
	Coquille subdiscoïde ou conoïde.	*Valvata.*
8	Coq. semi-globuleuse à columelle subs-transverse et tranchante.	*Neritina.*
	Coq. ovale ou cylindrique à ouverture cycloïde.	9
9	Aquatiques, ne respirant que l'eau.	*Paludina.*
	Terrestres, respi ant a l'air libre.	*Cyclostoma.*
10	Coq. spiroïde.	11
	Coq. sans spire.	*Ancylus.*
11	Coq. spiroide, discoide.	*Planorbis.*
	Coq. spiroide, ampullacée, ovale, oblongue ou turriculée.	12

12	Coq. ampullacée, enroulée............	*Physa.*
	Coq. ovale, oblongue, cylindracée ou turriculée..........................	13
13	Coq. ovale, cylindracée, ouverture munie de quelques dents................	14
	Coq. ovale, oblongue ou turriculée, ouverture sans dents...............	*Lymnæa.*
14	Péristome sinueux....................	*Vertigo.*
	Péristome arrondi...................	*Carychium.*
15	Coq. subglobuleuse, ovale, oblongue, conique ou subdéprimée.............	16
	Coq. fusiforme ou cylindracée.....	20
16	Animal à peine contenu dans sa coquille.	17
	Anim. totalement contenu dans sa coq..	18
17	Coq. couleur de succin, transparente...	*Succinea.*
	Coq. blanchâtre, pellucide......... ..	*Vitrina.*
18	Coq. ovale-oblongue, subturriculée....	19
	Coq. subglobuleuse, conique ou subdéprimée....	*Helix.*
19	Columelle tronquée à la base....	*Achatina.*
	Columelle sans troncature à la base.....	*Bulimus.*
20	Coq. cylindracée, point d'osselet élastique..............................	*Pupa.*
	Coq. fusiforme, un osselet élastique columellaire..........................	*Clausilia.*

COQUILLE BIVALVE.

21	Coq. suborbiculaire..................	*Cyclas.*
	Coq. un peu comprimée, ovale on oblongue.....	22
22	Charnière munie de dents.............	*Unio.*
	Charnière sans dents.........	*Anodonta.*

TABLE ALPHABÉTIQUE

DES NOMS DES CLASSES, ORDRES, TRIBUS, FAMILLES, GENRES, ESPÈCES, SYNONYMES, DES MOLLUSQUES CONTENUS DANS CET OUVRAGE.

C.

M.

N.

O.

P.

FIN DE LA TABLE.

ERRATA.

Page 30, ligne 20, au lieu de AGATINE, *lisez* : AGATHINE.

— 37, — 1.re, au lieu de *ombilicata*, lis. *umbilicata*.

— 42, — 16, transportez le n.° 12, au nom du genre CARYCHIE.

EXPLICATION DES FIGURES

DE LA PLANCHE PREMIÈRE.

Pl. 1

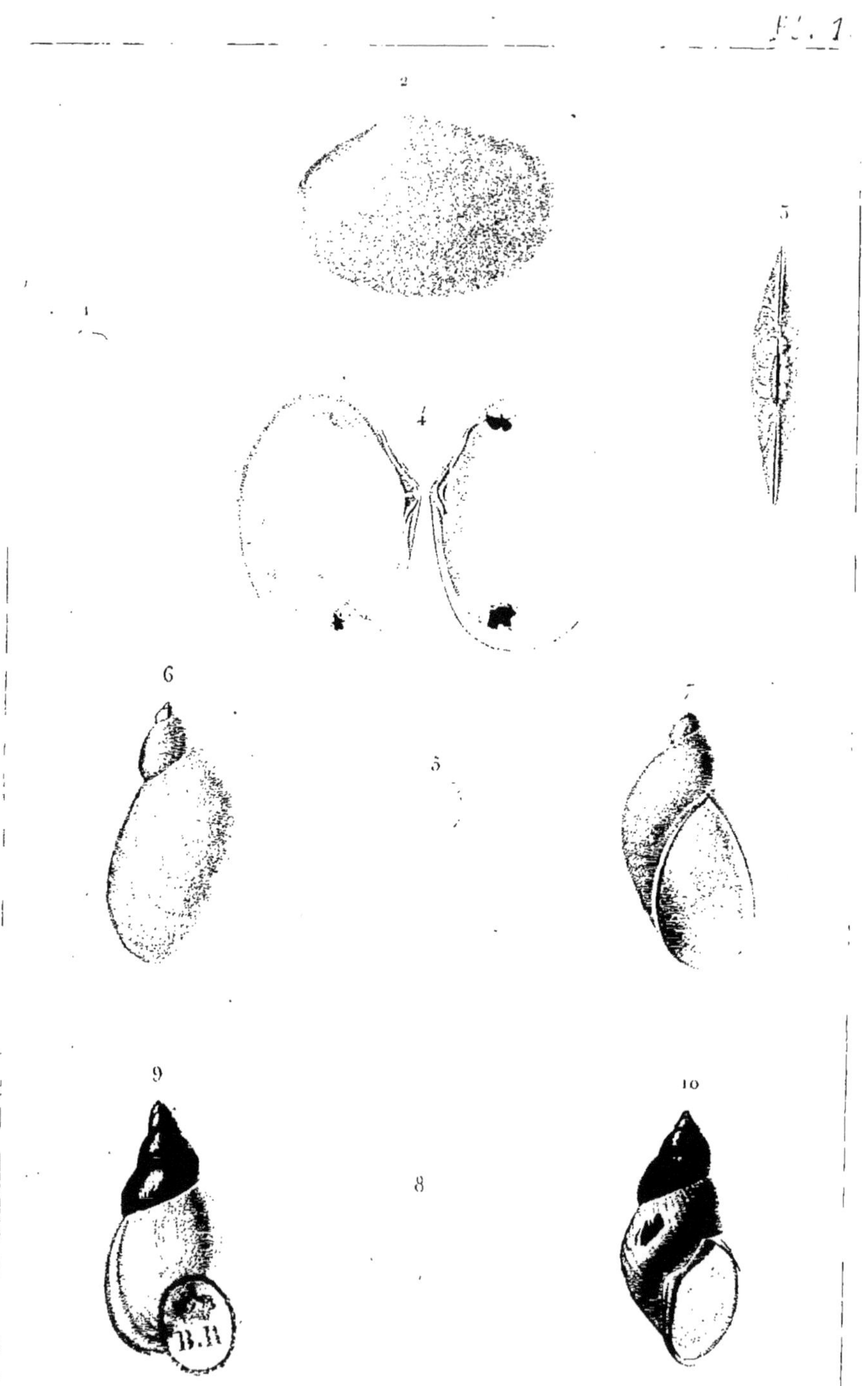

J. G. Prêtre del. H. Legrand sculp.

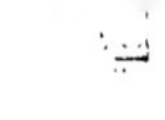

Pl. 2.

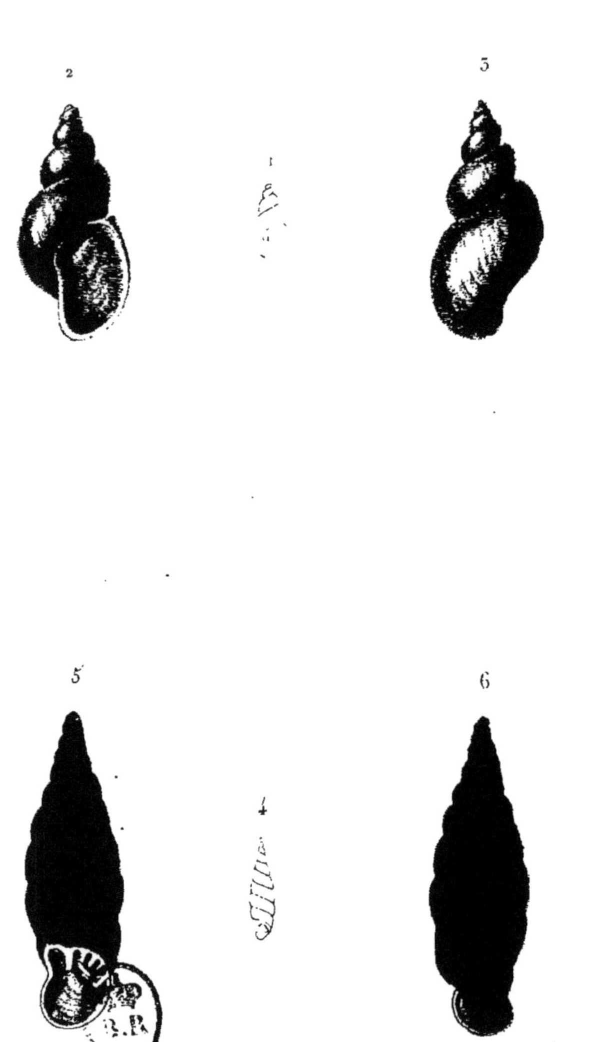

J. G. Pretre del. *B. Legrand sculp.*

www.ingramcontent.com/pod-product-compliance
Ingram Content Group UK Ltd.
Pitfield, Milton Keynes, MK11 3LW, UK
UKHW022111190726
13855UKWH00002B/780